【關於贈品下載方式】

購買本書的讀者，請從STEP❶的網址，下載作者原創的客製化筆刷、範例插圖的完成檔（.procreate格式）和漫畫製作用的對準標記檔案
・下載期限⋯至 2030 年 12 月 31 日

STEP ❶
請從你使用的瀏覽器訪問以下連結網址。
https://kdq.jp/DXZy8

STEP ❷
當對話框出現時，請在使用者名稱和密碼欄位中輸入以下資訊。
使用者名稱：procreate_with_mao
密碼：pc2307_tokuten

STEP ❸
下載 ZIP 檔案（606MB）。解壓縮後，會出現①Procreate_DB_Brush ②Illust ③Manga_waku 三個資料夾，即：
①原創客製化筆刷　　　　　3種（7.59MB）使用方法⋯p.57
②範例插圖的完成檔　　　　6張（.procreate 格式・599MB）
③漫畫製作用的對準標記檔案　6個（.procreate 格式・440KB）使用方法⋯p.104

贈品的利用說明
・使用本資料需要具備 iPad（iPadOS 15.4.1及以上）和 iPad 專用應用程式「Procreate」（需付費購買）。
・請務必在網路連線良好的情況下進行下載。

使用注意事項
・使用應用程式和本資料時所產生的通訊費用等，需由讀者自行承擔。
・本資料僅供本書購買者使用。嚴禁在第三方或 SNS 等平台上公開或散佈。
・本資料的著作權、使用權和其他權利均歸屬作者和本公司。
・本資料僅供自行使用。不得複製、販售、散佈、轉載或以營利目的等方式使用本資料。
・本資料的內容可能會在不事先通知的情況下進行修正、中斷或終止提供。
・對於讀者因使用本資料而造成的損害等，本公司概不負責，除非本公司存在重大過失。

【關於本書】

・本書的說明皆使用 iPad 進行操作。
・本書中顯示的畫面可能會因 iPad 型號、作業系統或應用程式版本的不同而有所差異。
・本書僅以提供資訊為目的，包含了作者獨家的調查結果和見解。
・本書因使用作者原創圖檔，故保留部分日文說明，方便對照。
・書中所列的服務、產品和應用程式（軟體）資訊均為 2023 年 6 月的最新資訊。說明中的操作步驟、畫面、介紹的產品價格、服務內容和網址等可能會在未通知的情況下有所變更。
・Procreate 是 Savage Interactive Pty Ltd. 在各國的商標或註冊商標。
・書中其他所列的產品、系統名稱等，均為各公司的商標或註冊商標。
・省略了 TM、®、© 的標示。
・註冊商標等有時會使用通用名稱。
・除非本公司存在重大過失，否則對於因使用本書而導致的硬體或軟體故障、資料遺失等任何問題，本公司概不負賠償責任。
・對於本書中沒有明確記載的更詳細資訊，恕不解答。
・有關 iPad 和 Apple Pencil 的操作方法，請參閱官方網站（https://www.apple.com/）。

Contents

Chapter 1
Procreate的基本介紹 ───── 013
- Procreate的優點 ───── 014
- 基礎介面功能介紹 ───── 016
- Procreate便利功能大公開 ───── 019
- 圖層的基本操作 ───── 020
- 善用手勢控制 ───── 022

Chapter 2
超簡單的繪圖技巧 ───── 023
- 繪圖製作流程 ───── 024
- Phase 1 繪製草圖 ───── 026
  - Point 繪製草圖的小技巧 ───── 028
- Phase 2 繪製線稿 ───── 029
  - Point 繪製線稿小技巧 ───── 032
- Phase 3 塗上顏色 ───── 034
  - Point 配色技巧 ───── 038
- Phase 4 添加陰影 ───── 039
  - Point 掌握光影的技巧 ───── 041
- Phase 5 添加漸層效果 ───── 042
  - Point 什麼是彩色描線 ───── 045
- Phase 6 加入亮光 ───── 046
- Phase 7 繪製背景 ───── 047
- Phase 8 最後修整 ───── 048

Chapter 3
掌握省時技巧 —————————————— 051

- 使用「手勢控制」節省時間 052
- 使用「梯度映射」節省時間 054
- 使用「筆刷」節省時間 056
- 新增和整理筆刷 057
- 自訂筆刷的方法 058
- 調色板省時的技巧 060
- 將圖像轉換為調色板 062
- 利用「混合模式」節省時間 064
- 快速「變更顏色」節省時間 066
- 透過「變形功能」節省時間 068
- 使用「液化工具」快速調整 070
- 使用「速創形狀」節省時間 072
- 使用「繪圖參考線」節省時間 074
- 使用「濾鏡」節省時間 080

Chapter 4
各種不同的上色技巧 —————————————— 083

- 使用灰階上色法繪製 084
- 使用GtC畫法繪製 090
- 使用厚塗法繪製 098
- 來畫漫畫吧 104
- 使用照片作為背景 112

Chapter 5
魔王Q&A —————————————————————— 117

後記 127

第1章
Procreate的
基本介紹

Procreate的優點

Procreate是一款使用起來非常直觀的繪圖創作應用程式，透過圖層疊加並運用各種功能，就能創作出高水準的插畫作品。即使失敗了，也可以反覆修改或重畫，因此請盡情創作並進步吧！以下介紹 Procreate 的獨特功能：

iPad專用App「Procreate」

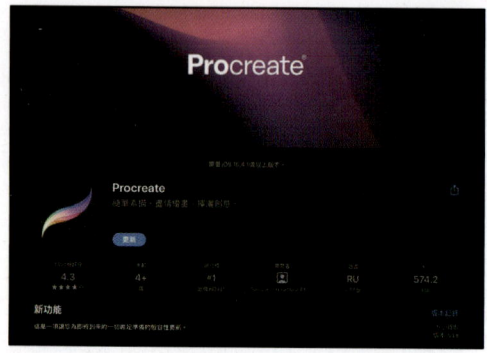

Procreate 是一款專為 iPad 設計的應用程式，無法在 iPhone 上使用。你可以從 App Store 購買、下載和安裝，並且能夠立即開始使用。

雖然是付費應用程式，但作為繪圖創作軟體，價格非常實惠。

支援 PSD 資料匯出

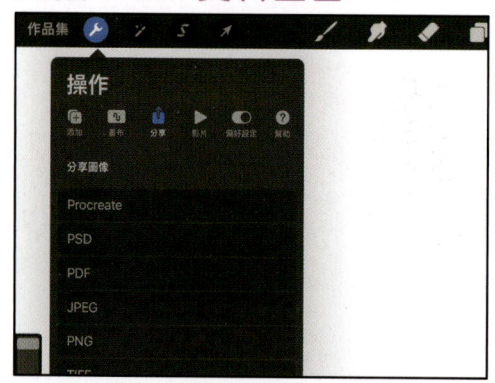

除了 PNG 和 JPEG 等多種文件格式外，最值得注意的是它還支持「PSD」格式。PSD 是 Adobe Photoshop 的專有格式，可將 Procreate 創作的插畫連同圖層結構一起匯出到 Photoshop。

強大的圖層功能

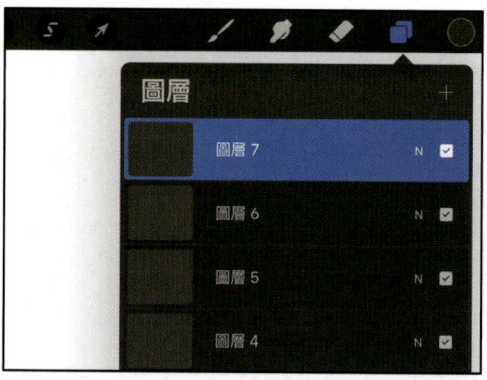

Procreate 的魅力在於其豐富的圖層結構功能。除了繪製圖像之外，還可以對每個圖層進行各種加工，因此填色、變形等各種調整都變得更加容易。

014

操作簡單方便

市面上有許多繪圖App，然而 Procreate 是從細節到整體都充分考量使用者的方便性，可以細緻的客製化設定，越熟悉介面就越能依照自己的需求量身打造，是它大受歡迎的原因。

操作便利意味著繪畫時的壓力小。即使長時間繪畫也不會感到疲倦，因此會變得越來越熟練。善用 Procreate 提升你的繪畫技巧吧。

豐富多彩的濾鏡功能

輕鬆更改顏色

Procreate 具備豐富的濾鏡功能，可以多樣化地呈現你的繪畫作品，並對已繪製的圖像進行加工，用於各種目的，並提供多種效果的變化選項，非常方便且實用。

使用圖層來創造角色等的填色，在之後更改顏色時，可以省去很多麻煩。由於不需要花費太多精力，因此可以無壓力地進行嘗試和修改。

變形・放大・縮小

Procreate可以對繪製好的圖畫進行變形、放大和縮小。這些功能對於在定稿前微調或是作品後期修正都非常方便，有助讓圖像更精美。

Procreate功能多樣，物超所值。

基礎介面功能介紹

Procreate的主要介面包括圖庫畫面和畫布畫面。在圖庫畫面中，你可以查看過去繪製的作品列表，還可以在此建立新的畫布。在畫布畫面中，畫布位於中央，上半部有各種功能選項。右上角主要是用於工具操作的選項，左上角則是用於圖像操作的選項，側邊則有調整筆刷等設定的拉桿。

圖庫畫面

圖庫畫面是Procreate的基本畫面之一，是以縮圖形式瀏覽所有先前繪製的作品。

建立新畫布請按「＋」

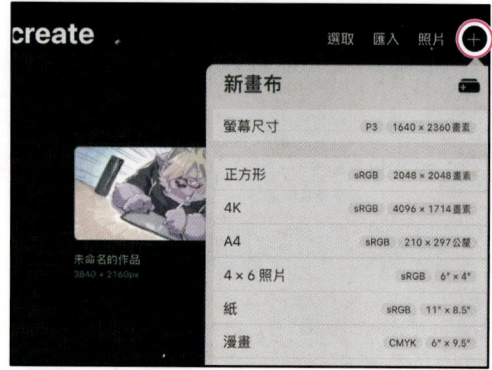

要建立新畫布，請點擊右上角的「＋」。選擇尺寸後，即可建立自己喜歡大小的畫布。

設定畫布尺寸

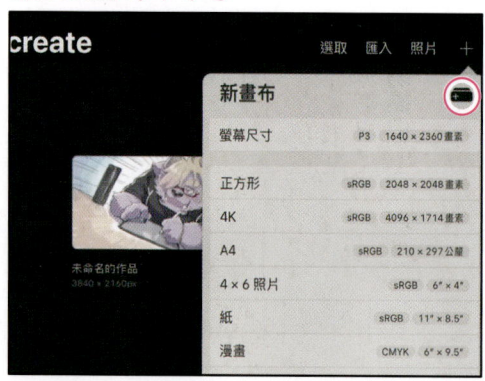

你可以為每個畫布個別設定尺寸。點擊「新畫布」右側帶有「＋」的圖示。

輸入寬度、高度和DPI，然後點擊右上角的「建立」。最大尺寸和最大圖層數會因 iPad 規格而異。

最常使用的工具配置

Procreate 雖然功能繁多，但這些眾多的工具經過巧妙整理，使用起來非常方便。
視窗上方的選單中，左側排列了與整個插畫文件或影響圖像整體的相關功能。

選單的右側則匯集了繪畫、橡皮擦、顏色等在繪製插畫時常用的工具。
在繪畫進行的過程當中，常用的功能緊密地安排在側邊欄。而最常用的「undo（復原）」按鈕也設置在側邊欄當中，非常方便。

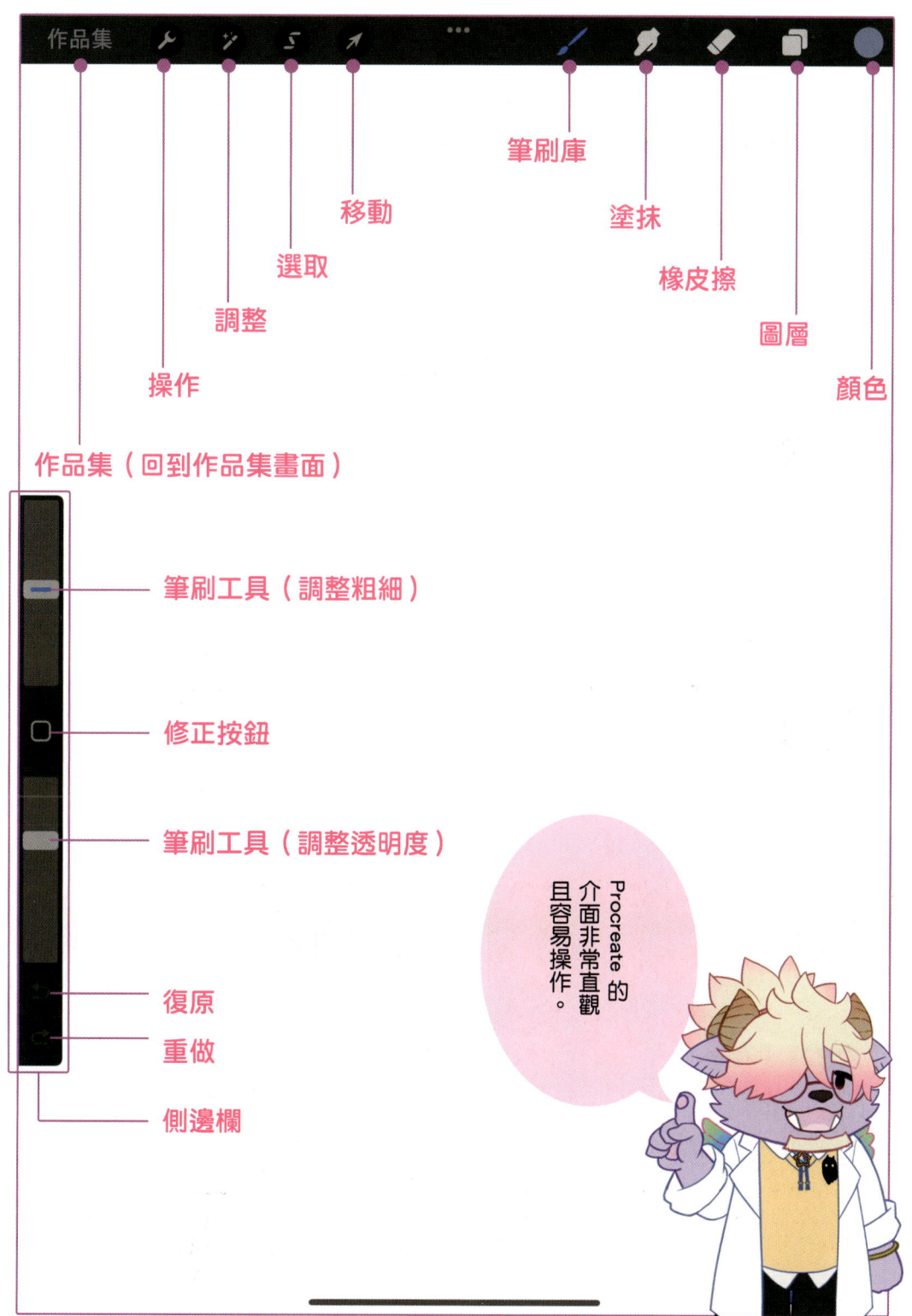

- 筆刷庫
- 塗抹
- 橡皮擦
- 圖層
- 顏色
- 移動
- 選取
- 調整
- 操作
- 作品集（回到作品集畫面）
- 筆刷工具（調整粗細）
- 修正按鈕
- 筆刷工具（調整透明度）
- 復原
- 重做
- 側邊欄

Procreate 的介面非常直觀且容易操作。

選擇筆刷

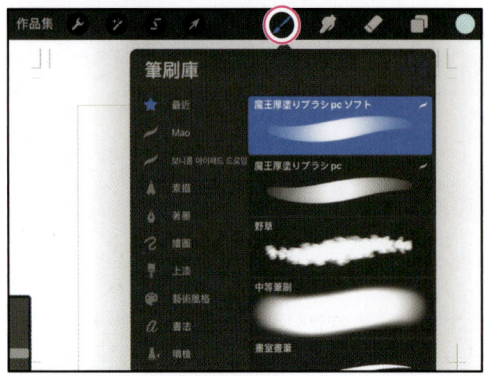

點擊右上角的「筆刷」圖示,選擇筆刷的種類。筆刷的粗細和透明度可以在側邊欄調整。側邊欄的位置可以切換到左右任一側。如果你是左撇子,建議將側邊欄配置在右側。

選擇橡皮擦

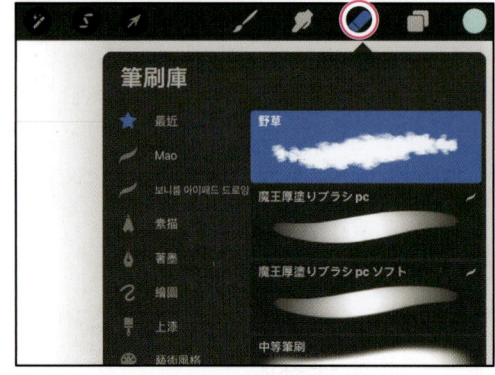

可以像筆刷一樣選擇橡皮擦尖端的形狀,使用橡皮擦銳利地擦除,也可以模糊邊緣進行擦除。並且和筆刷一樣,可以調節橡皮擦的大小和透明度。

顯示調色板

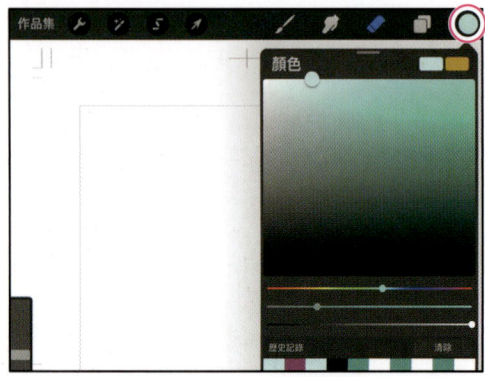

使用調色板來選擇上色和線條的顏色。調色板有5種形式,可以在最下方自由切換。拖曳調色板頂部的小把手,就可以從選單欄中分離出來,並切換為永遠顯示。

嘗試建立原創的筆刷和調色板,並調整自己的專屬筆刷吧!

充分利用圖層功能

Procreate 最大的特色就是豐富的圖層功能。可以將重疊的圖層組合在一起,或者將不同部件分別放在不同圖層中靈活運用。

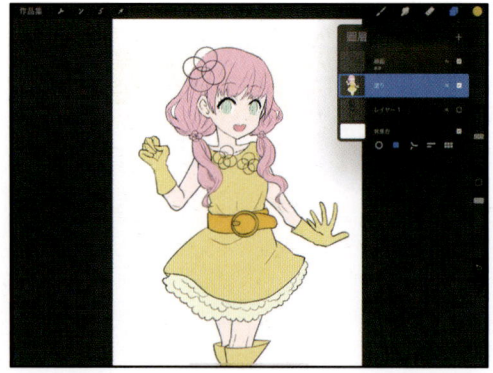

Procreate 提供了很多與圖層相關的功能,例如色彩增值、遮罩和阿爾法鎖定等。透過細緻地分割圖層,來精美地完成插畫吧。

Chapter 1

Procreate便利功能大公開

Procreate 提供了許多專為插畫家設計的實用功能，它的便利性會讓你愛不釋手，盡情發掘屬於自己的獨特用法吧。應用程式內也新增了能拓展插畫可能性的豐富濾鏡，為作品增添更多創意。此外，利用迷你視窗可以同時查看插畫全貌或參考圖像，方便創作。除此之外，還有許多輔助插畫創作的功能，一起來探索吧。

顯示迷你視窗

從「操作」選單中打開「畫布」選項，選擇「參照」模式，就可以在主要畫布上放置一個小視窗。如此就可以顯示當前繪製的插畫參考或設定資料，非常方便。

方便的速創形狀功能

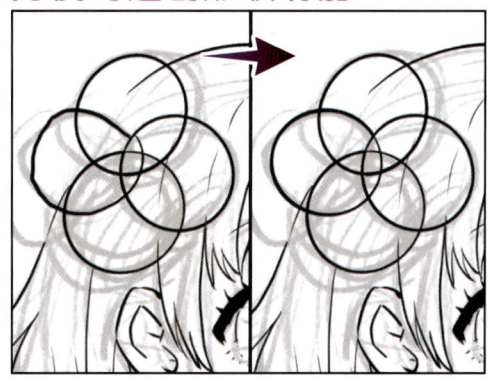

隨意手繪一個圓，然後將 Apple Pencil 停留在螢幕上片刻，速創形狀功能就會將剛畫的圓調整成一個完美的圓形。更棒的是，如果用手指輕點一下這個圓形，它就會自動變成一個正圓形（見p.72）。除了圓形之外，速創形狀還能自動調整正方形等其他形狀。

輕鬆分享到社群媒體

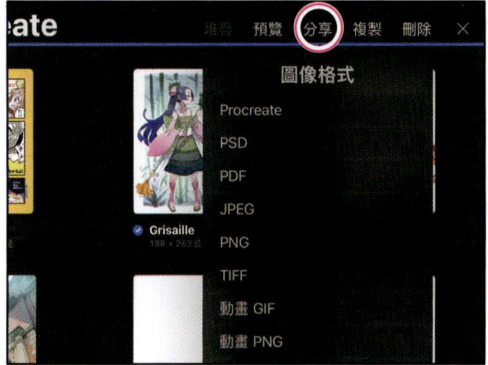

點擊「作品集」，再點擊「選取」，並選取縮圖，然後點選「分享」，將插圖以 JPEG、PNG 等格式，匯出到 iPad 的照片應用程式中，就可以輕鬆分享到各種社群媒體。

Procreate 充滿了讓繪製插圖變得更加輕鬆愉快的功能唷！

圖層的基本操作

說到Procreate 最大的優點，就是完善的「圖層」功能。從草稿、線稿、上色到特效，要讓整個繪畫過程順利進行，理解圖層的結構是非常重要的。雖然圖層聽起來有點複雜，但其實一點都不難，可以把它想像成許多半透明的塑膠片，疊在一起就變成了一幅完整的圖畫。你可以自由地增減、調整這些疊圖的順序，圖層是一個非常直觀且方便的功能。

什麼是圖層？

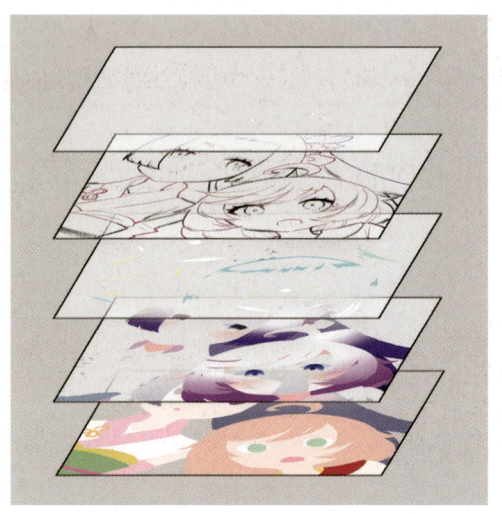

圖層的重點是「層」，具有圖層結構的圖像，是由好幾層圖來組成。一張畫可以分成背景和角色，角色又可以分成線稿和上色。如右圖，這樣或許會比較容易理解。

建立圖層

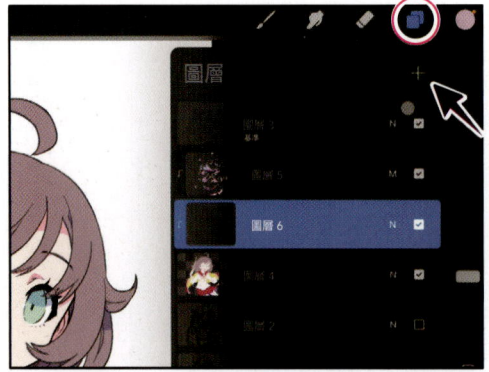

點擊畫面的右上角選單中的圖層標示，就可以查看目前所有的圖層狀態。點擊右上角的「＋」，就可以建立一個新的圖層。新增的層會按照順序自動命名為「圖層1」、「圖層2」，依此類推。

如何刪除圖層

如果只是想暫時隱藏某個圖層，直接取消勾選即可。向左滑動圖層時，會出現「上鎖」、「複製」、「刪除」選項，點擊「刪除」就會刪掉這個圖層。

點擊圖層

點擊圖層的縮圖時,就會彈出選單。這個選單提供了許多關於這個圖層的設定選項,例如點選「重新命名」可以更改圖層名稱等。

合併圖層

想要將兩個圖層合併為一個圖層,可以從排列較上方的圖層的選單中,點選「向下合併」,合併後,圖層會以下方圖層的名稱保留下來,原本的上方圖層會消失。

調整圖層的疊加順序

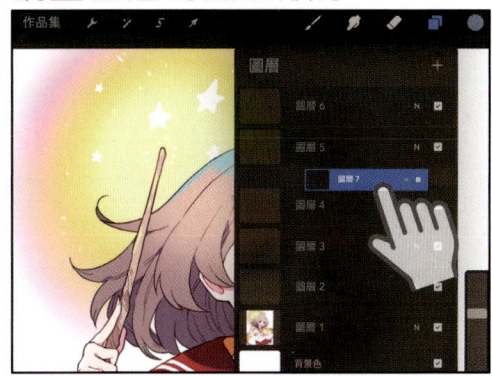

想要更改圖層的順序,只需長按圖層並上下拖移到想要的位置,此時該圖層就會自動插入到其他圖層之間。

更改透明度和混合模式

在圖層的勾選框左側,有一個英文字母,點擊這個字母,就會顯示透明度和混合模式(見p.64)的設定畫面。

建立圖組

長按圖層它拖曳到其他圖層的縮圖上,就會自動建立一個新的圖組(也可以從選單中選擇「向下合併」來建立圖組)。

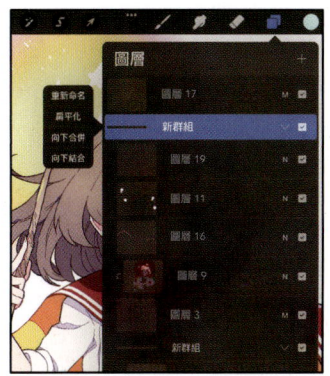

點選圖組和點選單一圖層時一樣,會彈出一個選單。選擇「扁平化」,圖組中所有圖層就會合併成一個單一圖層。

若想要將其他圖層添加到已存在的圖組中,可以長按這個圖層,然後將它拖曳到目標圖組中的任意位置。

善用手勢控制

在使用 iPad 上，我們早已習慣了用手指捏合（縮小）和分開（放大）來調整圖片大小、旋轉、移動、上一步等功能，因此可以在進行細部修正的同時，持續流暢地作畫。你還可以將不同的手勢設定為自己喜歡的功能，預先設定好常用功能，讓 Procreate 成為你的最佳幫手吧。

雙指捏合&雙指分開

用兩根手指捏合（向內縮），畫布就會縮小；反之，將兩根手指分開（向外張），畫布就會放大。習慣之後，就可以透過指尖的操作反覆進行放大和縮小，讓插畫作品更加精緻。

旋轉與移動

在繪畫或使用橡皮擦時，將 iPad 轉到一個舒適的角度是非常重要的。除了轉動 iPad 本身之外，也可以用兩根手指在畫面上旋轉，直接將畫布移動到想要的位置。建議盡快熟悉這些基本的手勢操作，一定會讓創作過程更加順暢。

兩指輕觸，回到上一步

想要撤銷上一步的操作，只要用兩根手指輕輕點觸螢幕就可以了。不斷地繪製、修改，是提升繪畫技巧的最快捷徑。而熟悉撤銷手勢，能讓你更放心地大膽創作，不用擔心畫錯。

自訂手勢

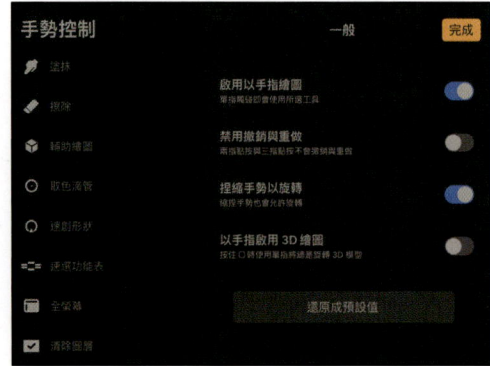

Procreate 能夠自訂每個手勢所對應的功能（見p.52）。將你常用的功能設定為容易操作的手勢，可以大幅提升工作效率。

第2章
超簡單的繪圖技巧

繪圖製作流程

在 Procreate 中繪製插圖時，能否熟練運用圖層將直接影響最終作品的品質。從草稿（底稿）、線稿描繪、上色、添加漸層到最後的潤飾，我們將逐步介紹這些基本的繪圖步驟。

啟動 Procreate

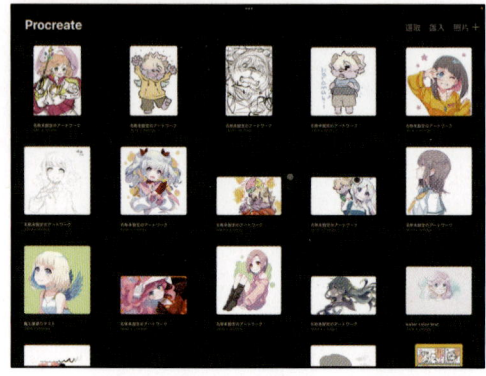

啟動 Procreate 後，你會看到螢幕上滿滿的都是作品列表。第一次啟動時，系統會預設顯示官方提供的樣本插畫。今後只要你畫完一張新的圖，它就會自動添加到這個列表中。

建立新畫布

想要開始畫新的一幅畫，首先得建立一個新的畫布。點選右上角的「＋」圖示，就能建立新的畫布囉！

❶ 繪製草圖　　p.026〜

從打底稿開始，逐步繪製出草圖，確定插畫的大致輪廓。

❷ 繪製線稿　　p.029〜

沿著草圖的圖層描繪線稿。重點在於輪廓線要畫得粗一些，細節部分則用細線，這樣線條會更有層次感。注意不要讓線條斷掉或超出邊界，細心地完成。

❸ 填上顏色　p.034〜

以線稿圖層為基礎,決定上色的範圍,並建立新的上色圖層。在動漫風格上色時,首先會將決定的範圍填滿單一顏色。

❹ 加上陰影　p.039〜

動漫風格上色之所以看起來像動畫,是因為它有著鮮明的陰影效果。建立一個新的陰影圖層,並用比底色稍暗一點的顏色填滿。將這個圖層設定為「色彩增值」模式。

❺ 加上漸層　p.042〜

在上色的圖層上,疊上一個新的漸層圖層,選擇軟筆刷,透明度設為75%,從亮的部分到暗的部分加上漸層。

❻ 加上亮光　p.046〜

在光線照射到的部位加上亮光。

❼ 繪製背景　p.047〜

在角色圖層下方新建一個圖層,用來繪製背景和特效。

❽ 完成修飾　p.048〜

修飾細節,作品就完成了。將每個工作步驟分成不同的圖層,這樣能便於日後修改,也可以提高作品的完成度。

繪製草圖

如果一開始就想直接畫出精細的圖畫，很可能會因為沒有事先規劃而感到難以下手。所以，首先要繪製草圖，將腦中的構想在Procreate上描繪出來。重點不是直接畫草圖，而是先畫出整體配置的「輪廓線」。接著，可以在這個底稿的基礎上逐步疊加，繪製出更精確的草圖。

❶ 建立新畫布

建立一個新的畫布。這邊參考 P.16 使用的檔案尺寸設定，選擇B5加邊尺寸（寬188mm×高263mm），並將DPI（解析度）設定為350。350 DPI 是印刷常用的解析度，因此這樣設置後的畫布可以直接作為印刷原稿。

❷ 選擇筆刷

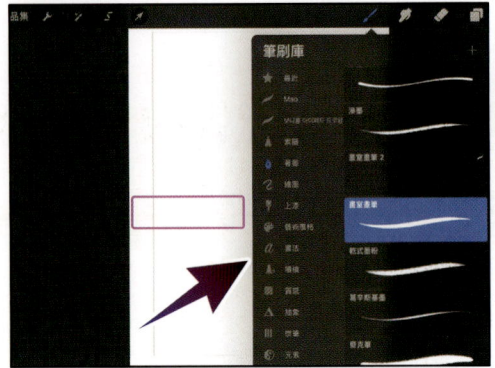

從 Procreate 的筆刷庫中，選擇「著墨」類別中的「畫室畫筆」。這是一支非常順手且易於使用的筆刷，非常適合用來繪製動漫插畫，也很適合初學者使用。選完筆刷後，點選螢幕空白處關閉筆刷庫。

❸ 調整筆刷大小

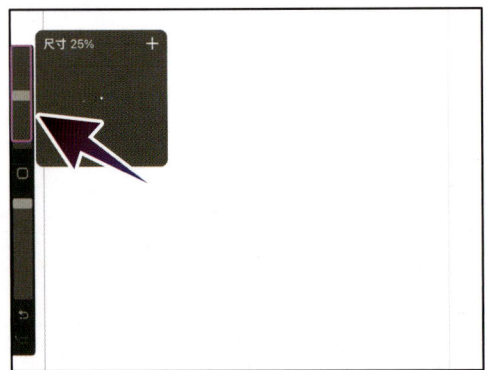

透過螢幕左側的拉桿（上側）調整筆刷的大小。我們將筆刷大小調整為尺寸25%。繪製草圖時，使用稍微粗一點的筆刷可能會比較合適，但這也取決於個人喜好，建議多嘗試幾種不同的尺寸，找到最適合自己的大小。

❹ 將透明度設定為100%

在拉桿（下側），調整筆刷的透明度。這裡我們將透明度設定為100%。通常初始設定就是100%，所以這裡只需確認一下即可。

❺ 繪製草稿

現在要在畫布上繪製角色的草稿，先畫出人物的整體構圖、各部位以及姿勢的簡單輪廓。在繪製過程中，可以利用畫面的縮放、旋轉和撤銷功能來調整。如果將橡皮擦設定與筆刷的設定相同，就能更精準地擦除，非常方便。

❻ 新增圖層2

完成草稿後，點選繪圖工具中的「圖層」，點擊右上角的「＋」新增一個新的圖層2。透過分開圖層，我們可以在不影響原有圖層的情況下，新增新的線條或填色。將圖層2疊在圖層1上，就可以開始繪製更細緻的草稿了。

❼ 將圖層1的透明度調整為20%

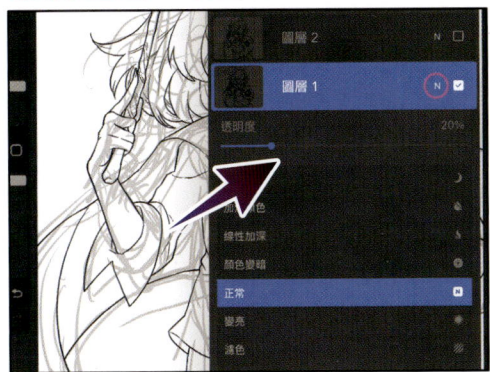

如果只是直接將圖層疊在一起，會使得草稿的黑色線條變得非常明顯，導致看不清楚繪圖的位置。因此，可以點擊圖層1上的「N」字樣，將圖層1的透明度降低至約20%左右。

❽ 繪製草稿

點擊選擇圖層2，然後關閉圖層視窗。這樣在圖層2上繪製的線條會更加清晰，因為圖層1上的草稿變得比較淡，新畫的線稿就更明顯。

❾ 隱藏圖層1

完成草稿後，打開圖層視窗，點選圖層1，然後在右側的勾選框點擊取消勾選，這樣圖層1上的內容就會被隱藏，只會顯示草圖。

❿ 微調圖層2

此時選擇圖層2，仔細檢查線稿是否需修改或調整。這時，「變形」工具（見p.69-70）能幫助我們確認圖像完成度，例如透過水平翻轉檢查畫面平衡，或使用「旋轉」功能檢視自然度。

繪製草圖的小技巧

繪製草圖的訣竅就是「將步驟細分」。不要一開始就一股腦地畫完整個草圖，而是先畫出輪廓，然後再換一個圖層開始畫草圖。甚至可以在畫草圖之前先畫一個更簡略的草圖。將繪畫過程分為幾個階段，讓整個過程更順利。此外，將不同的角色或身體部位分別繪製在不同的圖層上，也能使繪畫和修改變得更加方便。

大略輪廓打底

以大致輪廓構圖後，不要馬上畫詳細草圖，而是先用更簡略的線條勾勒出整個畫面。這個階段不需要畫得很精細，只要抓出整體的比例和構圖，有助掌握整個畫面的平衡。

用細線描繪草圖

將大略輪廓的線條設置為半透明，然後用比大略輪廓更細的線條來畫草圖。透過更改線條粗細，就可以清楚地區分出大略輪廓和草圖的線條，避免混淆。

翻轉檢查

在繪畫的過程中，要經常使用左右翻轉來檢查畫面是否對稱、比例是否正確。可以在「操作」選單中的「畫布」找到「水平翻轉」功能進行檢查。

分圖層繪製

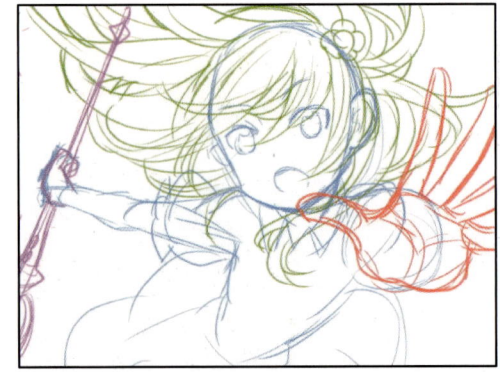

繪製時，要事先考慮到重疊、被擋住的部分是很困難的。因此，將不同部位分開在不同圖層繪製，這樣在畫被遮擋的部分時會更容易且方便修改，建議養成這樣的習慣。

繪製線稿

完成草圖之後，接下來就是將草圖精細化，繪製成線稿。要畫出好看的線稿，有三個重點。首先是區分粗線和細線的使用時機，其次是線條之間不要有空隙，最後是不要超出邊界，這些都可以透過正確使用工具輕鬆完成。然後就是不斷嘗試重複撤銷（Undo）操作，直到繪製出滿意的線條為止。

❶降低草圖圖層的透明度

首先，降低草圖圖層的透明度。選擇繪畫工具的「圖層」，點選草圖圖層（圖層2）右側的「N」圖示，透過滑動條將透明度調整到20%左右，使草圖圖像變為淡灰色。

❷建立新圖層3

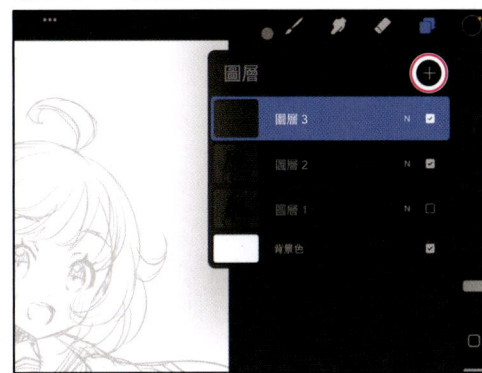

點擊圖層畫面右上的「＋」符號，新增一個繪製線稿的新圖層（圖層3）。選擇圖層3，然後點擊圖層視窗外側來關閉圖層視窗。

❸更改筆刷大小

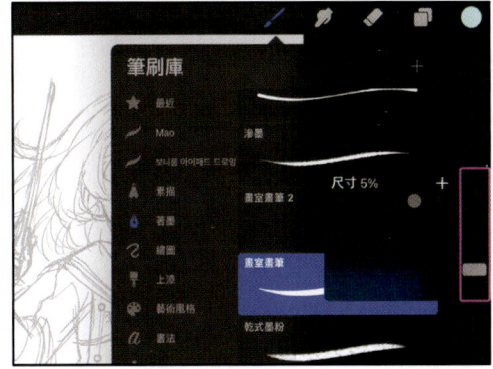

使用與繪製草圖相同的「畫室畫筆」。將筆刷大小設定為4～5%，以便繪製比草圖更細的線條。畫室畫筆有銳利的邊緣，很適合繪製清晰的線條，非常推薦給初學者。

可以嘗試利用筆壓控制線條的粗細。但對於初學者來說，更簡單的方法是將筆刷大小調整到比正常細1～2%，以此區分粗線和細線。使用同一類型的筆刷，可以讓整體風格更統一。

❹ 臉部輪廓要畫得粗一些

首先從輪廓線開始描繪。輪廓線是指身體或物體最外側的線條。透過將輪廓線畫得清晰且粗黑，可以讓物體的邊界更加明顯，使畫面更有層次感。

從草圖中選出適合作為線稿的線條，開始進行精細的描繪。透過不斷地選擇和比較，累積經驗，你會越來越能畫出屬於自己風格的線條。

❺ 繪製臉部五官

❻ 不要用線條上色

 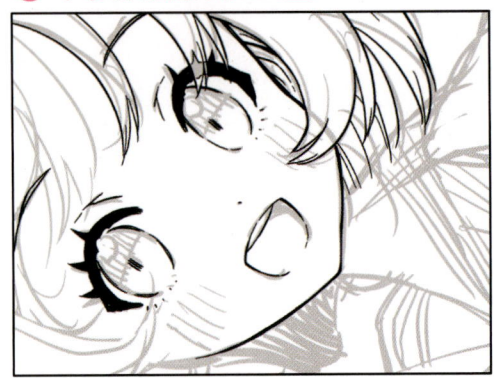

臉部的五官，如眉毛、嘴巴、鼻子等，需調整筆刷尺寸，使用較細的線進行繪製。透過粗細線條的搭配，可以增加畫面的立體感。

眼睛的顏色、臉頰的紅潤等，即使在草圖中畫出來，在線稿階段也不要用線條描繪。這些部分將在後續的上色和其他階段進行處理。

❼ 服裝輪廓要畫得粗一些

❽ 服裝的皺褶要用細線描繪

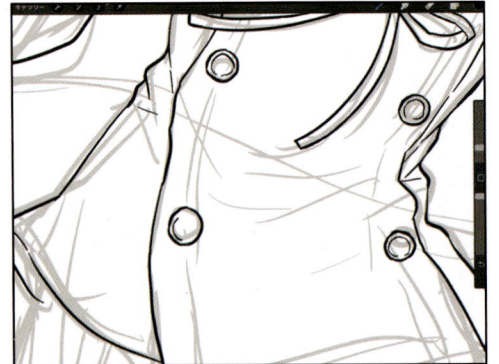 

服裝的輪廓線也需要畫得粗一些。不僅是外側線條，布料的重疊處、接縫處等地方也需要用粗線。像鈕扣等裝飾品也同樣要用粗線描繪。

服裝上的皺褶或設計的線條，則用細線描繪。

❾ 不同部件要分開描繪

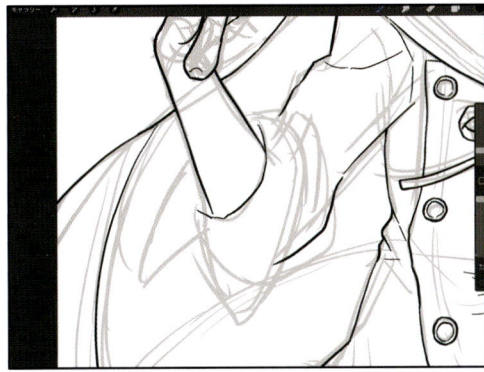

當畫到不同材質或不同部位時，例如手臂和衣服，要特別注意分清它們的邊界。將這些界線畫得粗一些，可以更清楚地表現出不同物件之間的區分，讓畫面看起來更真實。

❿ 重疊部分顯得更加立體

將物件的外輪廓用粗線描繪，內部的細節則用細線描繪，可以讓不同物件之間的重疊顯得更加立體。只要能正確掌握重疊的部分，並把多的線修掉，就能有乾淨俐落的線稿。

⓫ 頭髮的輪廓要畫得粗一些

頭髮的輪廓也要畫得粗一些，這樣可以清晰地表現出流線感。

⓬ 髮流要用細線描繪

髮流要用細線描繪，沿著頭髮生長的方向描畫。透過粗線和細線的巧妙搭配，可以讓畫作看起來更加有層次感，提升畫作水準。完成線稿描繪後，將「圖層2」設置為隱藏。

線稿完成

可以多嘗試各種作品，模仿不同的線條粗細與筆觸，找出自己喜歡的風格。

繪製線稿小技巧

繪製線稿時，要特別注意線條的粗細變化。首先，要清楚意識到❶「輪廓線條粗，內部線條細」。例如，畫眼睛時，睫毛等外側線條可以用較粗的線條，而瞳孔則用較細的線條。同樣地，臉部或服裝的輪廓線也要用較粗的線條，中間則用較細的線條，這樣可以大大提升作品的層次感。此外，還要注意❷「線條的重疊，避免出現縫隙或線條超出邊界」。務必記住這兩個重點來進行繪製。

睫毛要畫粗

在臉部中，「眼睛」是特別的部位。人們第一眼看到動漫時，視線往往會先落在人物眼睛上。因此，畫睫毛的線條（眼影部分）時，要沿著眼眶的邊緣，確實地用較粗的線條描繪。

隨著畫布旋轉來畫

每個人都有習慣的筆觸方向和角度。為了讓手腕或指尖處在最容易移動的方向，可以養成轉動畫布的習慣，使自己隨時能夠在最順手的方向繪製。只要能畫出最佳的線條，作品的完成度自然會提升。

瞳孔要細緻描繪

瞳孔要使用較細的線條精細地描繪。因為瞳孔之後會上色並加上亮光，所以這裡只需勾勒出輪廓即可。

NG：隨便繪製

畫眼線時，筆觸應該沿著眼眶的邊緣描繪，而不僅僅是塗滿即可。因此，隨便繪製是NG的，應該用心仔細地畫。

NG	OK

NG：粗細都一樣

讓線稿生動的關鍵，在於線條粗細的變化。輪廓線、身體和衣服各部分的分界線等外緣部分，可以畫粗一些；而臉部五官、髮絲走向、服裝細節等，則應使用細線描繪。這樣處理就能讓整體畫面呈現專業感。

NG：線條有縫隙

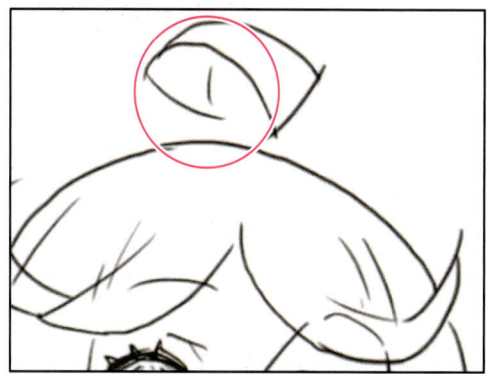

線條在中途斷開或變得模糊，也是讓插畫顯得粗糙的原因之一。確實連接線條，就能讓畫面自然地展現出立體感。可以先讓線條交疊，再使用修圖工具將多餘的部分去除，也是一個不錯的處理方式。

NG：線條畫超出框

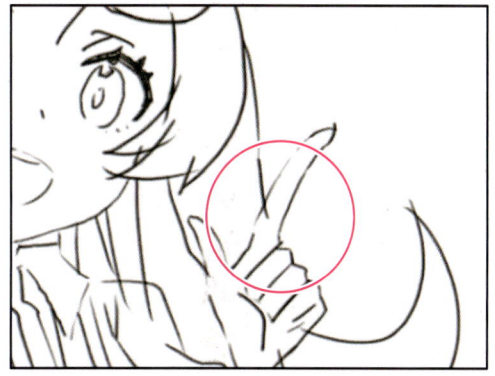

線條交錯重疊，讓圖像的層次變得模糊不清，也是一個常見的問題。當線條畫超出時，請務必去除。當每個細節的重疊關係都清晰可見時，插畫的立體感也會顯著提升。

只要留意這些細節，就能大幅提升線稿的品質！

Phase 3
塗上顏色

只要線稿打得好，上色就不會太難，但前提是要充分了解圖層的功能，只要學會圖層之間的疊合關係，以及圖層之間的設定，你就能更有效率且精細地進行上色，務必掌握上色範圍的設定和阿爾法鎖定的功能。

❶ 設定上色範圍

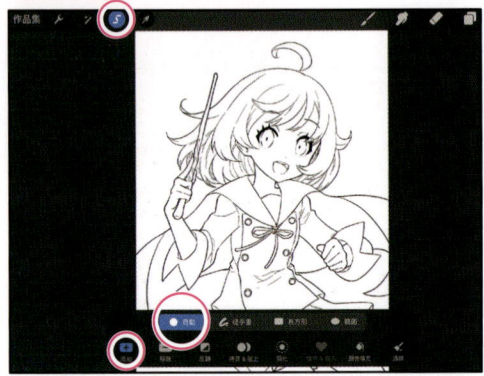

首先，設定「上色範圍」。選擇線稿圖層（圖層3），然後點擊左上方的「選取」圖標，確認選取工具面板上的「自動」和「添加」選項已被勾選（顯示為藍色）。如果沒有，請如圖進行手動勾選。

❷ 設定不上色範圍

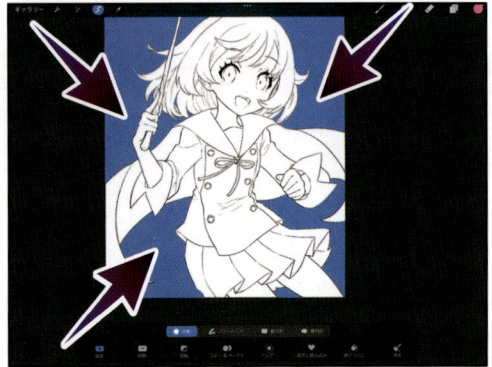

點擊線稿中「不著色範圍」時，選取區域會顯示為藍色。按住畫面並左右拖曳，可以調整選取範圍的臨界值。調整至其他區域未被選取範圍影響的程度，臨界值下調後，可以讓選取範圍更貼合線稿部分，使上色更為精準。

❸ 反轉選取範圍

選擇完選取範圍後，在選取工具面板上點選「反轉」，將選取範圍反轉為「角色的上色範圍」。

❹ 建立底色圖層

打開圖層面板，未選取的部分會顯示為灰色條紋。由於上色會在與線稿不同的圖層上進行，因此這時請建立新的上色圖層（圖層4）。

❺ 移動底色圖層

將圖層4拖曳至圖層3下方，這樣上色時就不會覆蓋到線稿。

❻ 使用色彩快填功能一次上色

選擇「顏色」，挑選一個顯眼的顏色（此處選擇粉紅色），從右上方拖曳至選取範圍內放開（色彩快填功能），即可一次填滿。使用此方法將圖層4內的選取範圍全部上色。

完成選取範圍內的上色後，點擊「選取」圖示解除選取範圍。將線稿圖層3隱藏之後，應該能看到角色部分已填色。

❼ 啟用阿爾法鎖定

點擊上色圖層4的縮圖部分，彈出選單，勾選「阿爾法鎖定」。勾選後，未填色的部分會顯示為方格圖案，表示阿爾法鎖定已啟用。

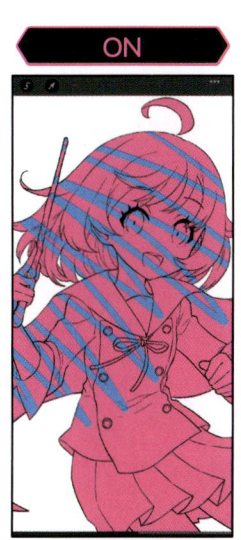
ON

OFF

啟用阿爾法鎖定後，顏色亂塗都不會超出該圖層已填色的區域！

超簡單的繪圖技巧

035

❽在不同部位上固有色

目前我們已經用粉紅色將圖層4角色的底色塗滿了，接下來要將各部位分別塗上各自的固有色。首先，使用色彩快填功能選擇一個適合膚色的顏色，填滿整個角色。

接著，點擊線稿圖層（圖層3），勾選「參照」。這樣一來，線稿就會成為我們上色的參考，這個功能可以理解為像是在填色本上色一樣，讓你更容易上色。

勾選「參照」後，選取圖層4，並選擇頭髮的顏色，用色彩快填功能填滿頭髮部分。填色範圍可以透過「臨界值」進行調整。

在使用色彩快填功能後，不要馬上移開 Apple Pencil，稍等片刻，就可以調臨界值。就像選取範圍時一樣，可以透過左右滑動來調整臨界值，使顏色滲透到細微的地方，不會溢出到其他區域。

如果仍有顏色未能塗滿，可以使用繪畫工具中的筆刷來上色。選擇填色均勻的筆刷會比較好，建議使用繪製線稿時用的「畫室畫筆」。

隨時精準地調整筆刷大小吧。

❾修正超出去的部分

如果有超出去的部分,需要進行修正。用手指長按想要挑選顏色的地方,會啟動滴管工具,確認好要修正的顏色。

然後用筆刷進行修正。

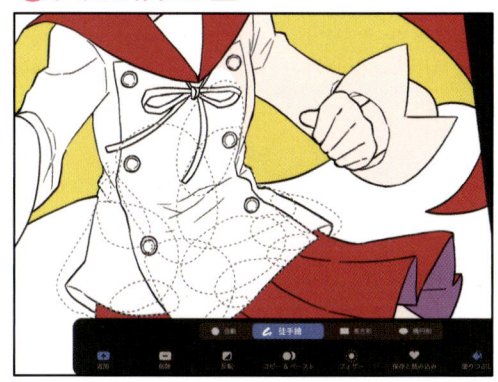

❿大面積上色

打開選取工具的介面,選擇「徒手繪」「添加」「顏色填充」,將水手服的白色部分圈選起來,再點擊灰色的●。這個功能會用你目前選定的顏色將區域填滿。當不想使用色彩快填功能,但希望大範圍均勻填色時特別好用。

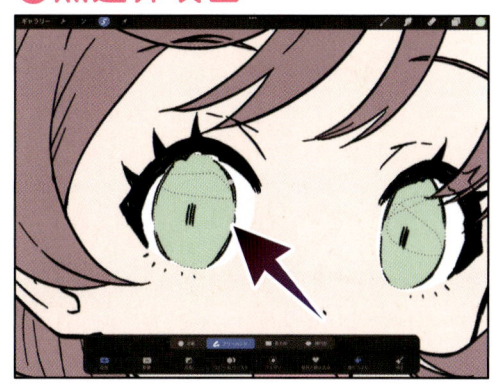

⓫無邊界填色

即使在線稿中沒有線的地方,也可以任意選取範圍進行上色。

⓬繪製衣領線條

使用「畫室畫筆」繪製水手服的衣領線條。注意筆觸的粗細要保持一致,這樣會使完成效果更好看。

⓭填色完成

經過以上的步驟,我們就完成了角色的固有色上色。接下來,可以進一步添加陰影、漸層等效果,讓畫面更豐富。

配色技巧

色彩的運用常被認為取決於個人品味，但事實並非如此。只要掌握正確的色彩知識，任何人都能成功運用配色。顏色除了有色相（例如紅色、藍色等色彩種類）之外，還有「亮度」和「飽和度」。在調色板上，中央的圓圈就是用來調整亮度和飽和度的。記住這句話：「掌握亮度和飽和度，就等於掌握了色彩！」

顏色具有亮度和飽和度

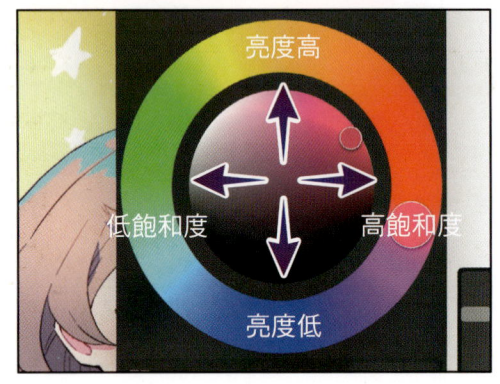

每種顏色都有亮度和飽和度。亮度是指顏色的明亮程度，亮度越高，越接近白色；亮度越低，越接近黑色。飽和度是指顏色的鮮豔程度，飽和度越高，顏色越濃；飽和度越低，顏色越淡。

統一亮度和飽和度

配色成功的技巧在於，儘量使用亮度和飽和度相近的色相來互相搭配，即可創造出和諧的色調。相同亮度下改變飽和度，或相同飽和度下改變亮度，都是可行的搭配方式。

NG：亮度與飽和度不一致

圖例為配色失敗。若用調色板檢查各個顏色，會發現亮度和飽和度範圍差異過大，這會讓畫面看起來雜亂無章。可以試著將這些顏色調整到相似的亮度和飽和度，讓整體畫面更和諧。

OK：亮度和飽和度統一

那些色彩搭配得當的畫作，顏色的亮度和飽和度通常會集中在相近範圍內。在選擇顏色時，不妨多留意周圍顏色的亮度和飽和度，在相近範圍內搭配顏色，讓畫面整體色彩協調。

Phase 4
添加陰影

僅用單一色上色，畫面會顯得像是著色本一般單板。接下來，我們要讓插畫變得更有立體感，賦予它生命。首先是添加陰影，透過增加新圖層並設置為色彩增值模式，將陰影自然地疊加在原有的彩色圖層上。使用動畫風格技巧上色時，可以大膽地添加陰影，讓作品的效果更突出。

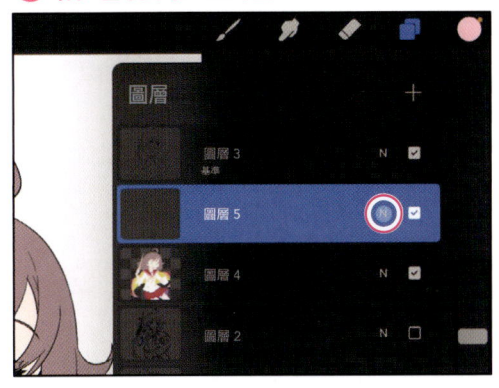

❶新增陰影圖層

新增圖層（圖層5），並將其放置在圖層4（固有色圖層）的上方。接下來需要更改此圖層的「混合模式」（將上色的圖層加上效果的功能），因此要點擊圖層5上的「N」。

❷將混合模式設為色彩增值

在透明度下方的混合模式（見p.64）選項中，選擇「色彩增值」，此時會發現圖層旁邊的字母從「N（Normal）」變為「M（Multiplication）」。

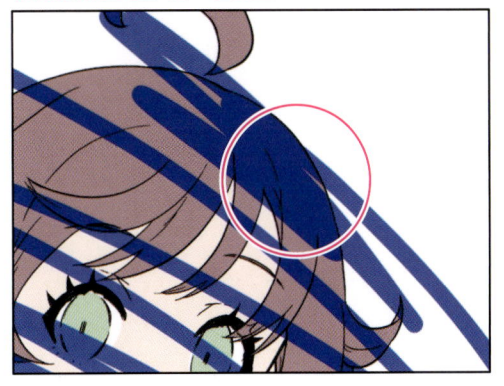

什麼是色彩增值？

混合模式中的「色彩增值」，會將下方圖層與上方圖層的顏色疊加，產生更深的顏色。簡單來說，它能創造出像麥克筆或透明水彩重疊填色的效果，適合應用在添加陰影的圖層。

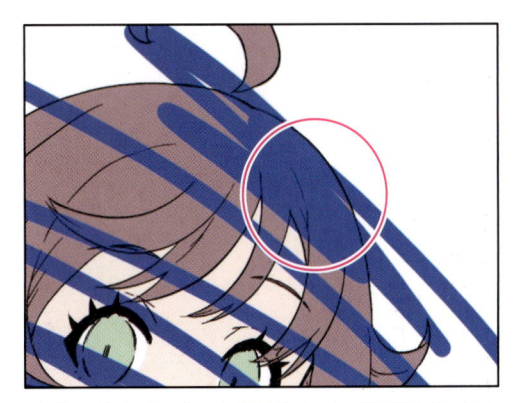

此外，當你新增一個圖層時，系統初始設定的混合模式是「正常（Normal）」，在這模式下，上方圖層會覆蓋在下方圖層的顏色上。

❸ 設定剪切遮罩

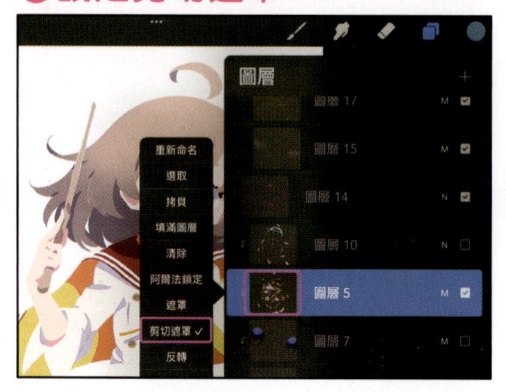

此時已經可以直接上色，但色彩可能會超出角色的範圍。雖然也可以手動擦除多餘的部分，但很花時間。點擊圖層5的縮圖，勾選「剪切遮罩」。這時候圖層5的縮圖旁，就會出現一個箭頭指向圖層4。

這表示，此時已經啟用了剪切遮罩功能，現在只能在箭頭所指向的圖層中，已填色的範圍內上色。如果在圖層5上嘗試在圖層4未上色的部分填色，你會發現顏色也不會超出邊界。

❹ 開始描繪陰影

啟用剪切遮罩功能後，開始描繪陰影。

要設定光源的方向，為角色畫上陰影。

❺ 大膽描繪效果佳

因為這是一種陰影分明的「動畫風格上色」，所以大膽而清晰地描繪陰影，能讓作品更加出色生動。

後方的頭髮等大面積的陰影是增加立體感的關鍵喔！

掌握光影的技巧

常常聽到「上陰影」，但具體該怎麼做呢？別擔心，讓我們一起來學習光影的基本概念，再將其反映到畫作中。當太陽或燈光等光源照射在物體上時，物體背光的部分會形成陰影（Shade）和影子（Shadow）。而光直接照射到的地方會出現亮光（Highlight）。透過不斷嘗試和調整這些元素的比例，就能越來越熟練光影的表現方法。

陰影與亮光

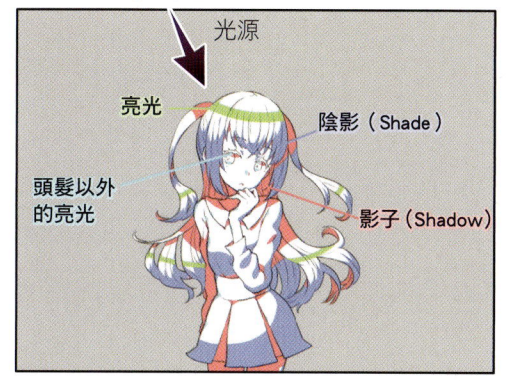

畫陰影和亮光之前，首先需要設定光源。先假設光線從某個方向照射過來，接著決定在哪些部分添加陰影（Shade）和影子（Shadow），以及在哪裡放入亮光。

只加上影子也可以

基本上，在光源的反方向繪製陰影（Shade），並在陰影區域添加影子（Shadow），接著在直接被光照射的部分放上亮光。僅僅加上影子就能讓畫作顯得簡潔清晰。

模糊邊緣增添柔和感

如果將陰影部分的邊緣模糊化，可以營造出豐盈柔和的印象，光線也會因此變得柔和。

加入漸層效果

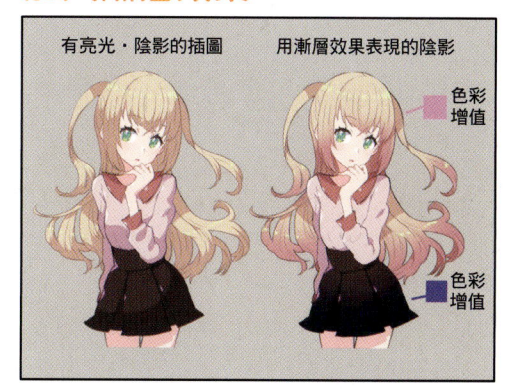

陰影加入漸層效果，並設置為色彩增值模式來融合，讓畫作更加柔和。此外，只使用亮光來營造輕快活潑的印象也是一個選擇，你可以嘗試不同的組合來獲得理想的效果。

Phase 5

添加漸層效果

單純使用單調的顏色上色，會讓插畫顯得呆板。使用類似噴槍效果的「軟筆刷」，在角色全身畫上漸層。不只是填色，若對線稿也加上漸層效果（彩色描線），就能打造出柔和、溫暖的插畫風格。

❶ 建立新圖層

在填滿固有色的圖層（圖層4）上方新增一個新圖層（圖層6）。當新圖層被夾在已經設定剪切遮罩的圖層之間時，剪切遮罩會自動套用。因此，圖層6也只能在圖層4的範圍內上色。

❷ 將圖層4設定為參照

選擇圖層4，點擊縮圖並勾選「參照」。這樣一來，就可以將上色的範圍作為選擇範圍使用。設定完成後，再次回到圖層6繼續操作。

❸ 為頭髮加上漸層效果

在「選取」中選擇「自動」和「添加」後，選取頭髮部分。如果「顏色填充」顯示為藍色，請先取消勾選再進行操作。

❹ 選擇軟筆刷

選擇後，從筆刷庫中的「噴槍」類別裡選擇「軟筆刷」。這個筆刷可以創造出柔和的漸層效果。透過側邊的拉桿將透明度降低到大約75%，並利用筆壓一邊繪製漸層一邊填色。

❺ 為瞳孔加上漸層效果

輕輕滑過，顏色就會慢慢疊加上去；而用力按壓時，顏色一下子就會變得濃郁。上色完成後，點擊選取工具的圖示，取消選取範圍。

同樣建立一個新圖層（圖層7），並指定使用剪切遮罩（若已自動套用剪切遮罩，則保持不變）。在「選擇」中選擇兩隻眼睛的瞳孔部分，然後使用「軟筆刷」添加漸層效果。完成後，取消選取範圍。

❻ 在臉頰上添加腮紅

建立一個新圖層（圖層8），將混合模式從「正常」改為「色彩增值」。選擇角色的皮膚部分，並使用「軟筆刷」在臉頰加上腮紅（臉頰上的紅暈）。

❼ 為線稿上色

在線稿圖層（圖層3）上方，建立新的圖層（圖層9）。

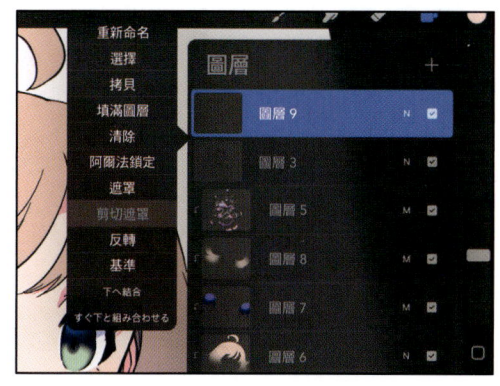

勾選圖層9的「剪切遮罩」。建立了一個「只能在線條顏色範圍內填色」的圖層。

使用「軟筆刷」為線稿加上漸層效果，稱為「彩色描線」（見p.45）。

❽ 將混合模式改為色彩增值

| 正常 | 色彩增值 |

將線稿圖層（圖層3）的混合模式從「正常」改為「色彩增值」，可以讓線稿與顏色更融合，使整體呈現出更為沉穩的印象。

彩色描線的線稿

> 透過漸層上色和彩色線稿，可以細緻地調整畫面的氛圍喔！

什麼是彩色描線？

一般來說，線稿通常會使用黑色線條繪製。但如果直接使用黑色線條，可能會讓畫面看起來太分明，想要畫出比較柔和的圖畫時就不太適合。這時候我們可以把顏色塗在線稿上，讓整體感覺變得更溫潤。這種技巧就稱為「彩色描線」。

在線稿上添加色彩

開始在線稿進行上色步驟。輪廓部分可以使用較深的顏色，或是用「色彩增值」模式調成淺淺的顏色；輪廓線以內的部分可以大膽使用較亮的顏色來突出效果。此外，陰影部分可以用較暗的顏色，而亮光部分則可以使用亮度較高的顏色，使畫面呈現出更柔和的印象。

看起來更像金髮

跟沒有上色的線稿（黑色線稿）比起來，加了色彩覆蓋後的畫面感覺更加明亮。角色的金髮呈現出更為逼真的金髮質感。如果在皮膚周圍加上一些暖色調色系，會讓氣色看起來更好、氛圍更明亮。

呈現出活潑的感覺

彩色描線通常會用相近的顏色來上色，但如果故意用不一樣的顏色，會讓畫面變得更活潑，讓角色的個性變得更鮮明。

暗色也適用

在進行暗色系的上色時，建議將線條的飽和度降低，但可以把亮光部分的線條畫得明顯一點，這樣會比較好看。

Phase 6
加入亮光

在陰影的對側,也就是光線照射到的地方需要加入亮光。針對頭髮、瞳孔、衣服等部分,需考量光源方向,精準繪製出亮光位置,就能提升畫面的立體感。請注意,亮光圖層不建議使用「色彩增值」模式。

❶ 建立新圖層

在線稿圖層的下方,上色圖層的最上方(即在圖層5的上方),新增一個圖層(圖層10)。

❷ 套用剪切遮罩

在圖層10上套用剪切遮罩。混合模式保持為正常(不設為色彩增值模式)。

❸ 添加亮光

加上亮光(各部位的受光面上)。使用繪圖工具或「選取」中的「顏色填充」功能來畫亮光的部分。

❹ 瞳孔中也加入亮光

為了使瞳孔的亮光重疊在線稿上方,需在現有圖層的最上方新增一個新的圖層(圖層11),然後用畫室畫筆加入亮光。

Phase 7
繪製背景

純白色的背景會顯得過於單調，可以嘗試添加一些特效或其他色彩。在這次的插畫中，我加入了閃光的特效，以表現魔法杖發動的畫面。

❶ 新增背景特效圖層

角色繪製已接近尾聲，接下來將添加背景元素，這次特別要加上魔杖的特效。在畫了角色固有色的圖層（圖層4）下方，新增一個圖層（圖層12）。

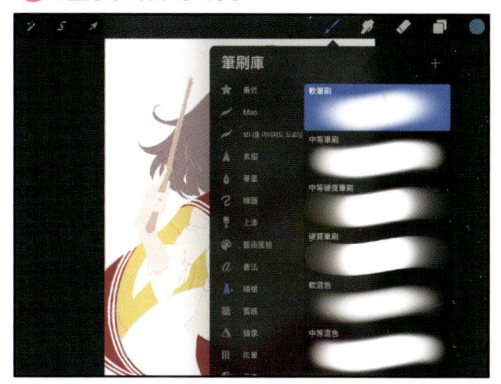

❷ 選擇軟筆刷

選擇「噴槍」中的「軟筆刷」。

❸ 繪製特效

使用好幾種顏色來做出漸層效果。

❹ 繼續添加特效

新增圖層13，使用「著墨」中的「畫室畫筆」加上閃亮特效。

Phase 8
最後修整

好的,現在要開始進入最後的收尾階段。最終的呈現方式會因繪者風格而異,不過,這裡將介紹我平時常用的基礎潤飾技巧。在最後的步驟,還是要仔細地建立圖層,並疊加起來。我偏好在睫毛上加上粉紅色的線,並在陰影邊緣增加一層線條,這樣可以使人物看起來更有層次感。

❶ 加筆與修正

我們要在線稿(圖層3)下面新增一個圖層(圖層14),然後仔細檢查有沒有地方沒塗到或塗錯的地方,再把那些地方補上或修正。這個步驟並不是每次都必須進行,所以可視情況省略。

❷ 增加臉頰的細節

新增一個圖層(圖層15),將混合模式設定為「色彩增值」,讓顏色與皮膚融合得更自然。

在臉頰上添加一些細節。

調整圖層的透明度,使其呈現輕微疊加的效果(這次將透明度設定為27%)。

> 細緻的收尾潤飾，能讓畫作散發出耀眼的光彩！

切換到橡皮擦，使用「軟筆刷」將臉頰的筆觸柔化，使其更自然地融入臉部。

❸ 睫毛邊緣加上粉紅色

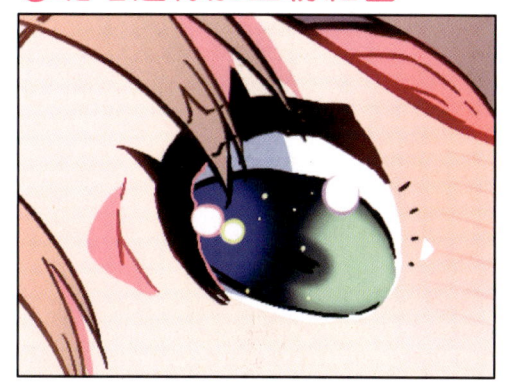

在瞳孔的亮光圖層（圖層11）下方新增一個圖層（圖層16），並在睫毛的邊緣添加粉紅色線條。雖然這個表現方式見仁見智，但我認為這樣做可以增加眼睛的神韻，給人留下深刻印象，所以我很喜歡這樣做。

❹ 為陰影添加邊緣

在陰影的邊緣加上顏色，可以讓陰影更具層次感。新增一個圖層到線稿（圖層3）的下方（圖層17），並將混合模式設定為「色彩增值」。

使用比陰影濃一個色階的顏色，在陰影的邊緣進行加深處理。

有時這樣做會過於突兀，所以不需要所有陰影都加上邊緣。圖例中，紅色領子的陰影處沒有加上邊緣線。事先分好圖層，即使加得太重，也可以保留陰影，只把邊緣的深色修掉。

❺ **完成作品**

見p.4

> 只要學會
> 如何運用圖層，
> 就能一步步自由地
> 揮灑你的創意了！

如果能正確地運用圖層以及圖層疊合的功能，
一定能畫出滿意的作品。先試試看，然後逐步
掌握每一項技巧。這些內容都可以多次重畫與
修正。

第3章
掌握省時技巧

Chapter 3
使用「手勢控制」節省時間

如果將一邊用 Apple Pencil 畫圖,一邊換手做各種操作,再換回來拿筆,這樣反覆動作,非常浪費時間,一回神發現畫的東西卻不如預期得多。為了避免這種情況,建議將常用功能設定為手勢控制,一觸碰就能呼叫功能或切換畫面模式,是省時又能快速進步的捷徑。

設定手勢控制

手勢控制功能,可以在「操作」選單中的「偏好設定」裡找到。

你可以為常用功能,像是塗抹、擦除等,設定各自的手勢。實際操作看看,找出最適合自己的設定。

每個手勢只能設定一個功能。當你設定手勢時,如果該手勢原本已經設定了其他功能,就會出現「!」的警示標語。這表示原本的功能已被取消,請務必注意。

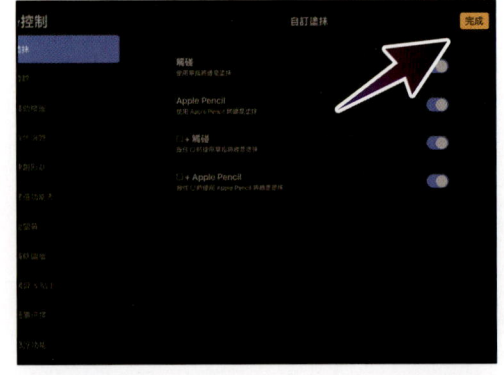

設定完成之後,記得按下「完成」按鈕來關閉設定畫面。

推薦❶ 取色滴管

我特別推薦將「取色滴管」工具設定為「輕點並按住」。當進行GtC畫法（見p.90）或厚塗（見p.98）時，經常需要從插畫中多次吸取顏色來疊加或修正。如果能透過觸控操作來完成這些步驟，一定能大幅縮短時間。

用手指長按想要取色的位置，周邊就會放大，這樣就能更精確地用取色滴管工具吸取想要的顏色。這對需要反覆取色，進行細微修正的操作來說，是非常方便的設定。

推薦❷ 全螢幕模式

將「全螢幕」模式設定為透過「四指點觸」。你可能會覺得4根手指有點多，但當你拿著Apple Pencil操作時，就會明白這樣設定的原因了。

當你畫圖時，拿著 Apple Pencil 觸碰螢幕，通常都會自然地用到4根手指，這使得切換畫面顯示變得非常流暢，工作效率因此大大提升。

推薦❸ 拷貝&貼上

「拷貝&貼上」是電腦上常見的便利功能，即使沒有鍵盤，只要使用手勢控制也能輕鬆操作。建議在環境設定中將「三指滑動」設定為拷貝、貼上的快捷方式。

選取想要拷貝的範圍，用3根手指上下滑動，就會出現「拷貝&貼上」的控制面板，點選「拷貝」即可。接著在你想貼上的內容、檔案或圖層上，再次用三根手指上下滑動，點選「貼上」，就能將拷貝的內容貼上，非常便利。

掌握省時技巧

053

Chapter 3

使用「梯度映射」節省時間

「梯度映射」是將已經繪製好的插畫，根據明暗調整來替換配色。它可以將選定圖層的暗部到亮部自動套用成指定的配色，像是將灰階的漸層替換成夕陽色彩的天空，或是將原本色彩繽紛的插畫轉換成懷舊的褐色效果等，應用範圍非常廣泛。如果將所有圖層合併後再套用梯度映射，就能一次改變整體的色彩，大幅節省時間。

梯度映射的使用方法

梯度映射並不是用來製作漸層的功能，而是根據現有畫作的明暗程度，用其他顏色取代的功能。可以從功能列的「調整」選單中找到它。

梯度映射內建了多種梯度庫，只需輕點一下就能替換顏色，看看不同的配色效果吧。

新增自訂梯度映射

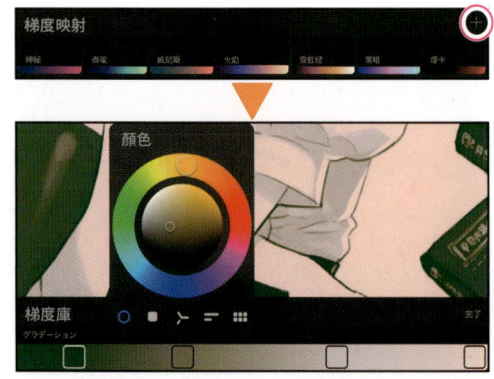

在梯度庫中，你也可以新增自訂的梯度映射。點擊梯度庫右上角的「＋」來新增新的梯度映射，然後設定從左到右想要分配的顏色，還能增設調整點。

Pencil 也可以套用

梯度映射的套用範圍除了整個圖層之外，還可以選擇套用在 Pencil 上。點擊上方的「梯度映射」，並切換到 Pencil模式，就能將你喜歡的梯度映射效果，只套用在用筆刷塗過的區域。

梯度映射的功能是將原圖灰階明暗的分布，替換成相應的顏色。最左邊的顏色代表最暗的部分，最右邊的顏色代表最亮的部分。新增自訂梯度映射時，可以參考內建的梯度庫中的色彩配置。

神祕　　　　　　**微風** 　　　　　　**威尼斯**

火焰  　　　　　　**霓虹燈** 　　　　　**摩卡**

掌握省時技巧

使用「筆刷」節省時間

Procreate 提供超多種筆刷，以下是我特別推薦的筆刷，大家可以先試畫，再根據自己的風格和想要繪製的作品來逐步嘗試。此外，本書中附贈兩種、共三款筆刷，分別為魔王我自訂的鉛筆和厚塗筆刷（見p.2），這些筆刷都經過特別調整，新手也能輕鬆上手！

❶ 著墨 > 畫室畫筆
這是一支非常樸素簡單的筆刷，可以利用筆壓調整線條的粗細。當我想畫出漫畫中清晰的線條時就會使用。特別推薦給想要畫出漫畫風格線條的人。

❷ 書法 > 單線
這是一支筆壓影響較小的筆刷，很適合用來繪製文字、漫畫分格線、對話框等等。如果你想用速創形狀或其他工具畫出筆直均勻的線條，而且不希望線條粗細受到筆壓影響，那麼選擇這支筆刷就沒錯了。

❸ 素描 > 6B鉛筆
這是一支帶有紋理，能模擬深色鉛筆質感的筆刷。當想畫出帶有傳統手繪風格的線稿時，我通常會使用這支。它能呈現出傳統手繪的質感，但筆觸不會太重，即使是初學者也能輕鬆上手。

❹ 上漆 > 尼科滾動
這款筆刷帶有紋理，可以透過筆壓調整濃淡，疊加顏色時能夠營造出深邃的色彩，非常適合厚塗等繪畫技法。由於筆刷形狀帶有類似粉彩的邊緣，因此也能做出銳利收尾。

❺ 魔王鉛筆（本書附贈）
這是我自訂的筆刷，這支筆刷專門用來繪製草圖和線稿。它能同時呈現出傳統手繪的質感，又能畫出具有濃淡變化、清晰的線條。不論是這本書中的插畫，還是我平常畫的圖，或是分享到社群媒體上的插畫，我都會使用這支畫筆來繪製線稿。

❻ 魔王厚塗筆刷pc（本書附贈）
這也是我自訂的筆刷，非常適合用來進行厚塗風格的插畫，從線稿到上色都能用這支筆完成。可以透過筆壓調整顏色深淺，所以也很推薦給新手使用。

清爽、銳利

❼ 魔王厚塗筆刷 pc 柔化（本書附贈）
這是魔王厚塗筆刷 pc 的柔化版本，是一款多功能的筆刷，可以更加柔和的筆觸上色，而自訂的筆刷又不會過於柔化，可用來畫線稿等。

模糊、柔和

Chapter 3

新增和整理筆刷

筆刷不只有軟體內建，還可以從網路上下載其他筆刷來使用。本書讀者可以下載魔王自訂筆刷（見p.2），安裝到iPad上，實際使用看看。
將取得的筆刷加入自己喜歡的工具組中，或是根據個人喜好進行自訂，就能大幅提升繪圖效率。

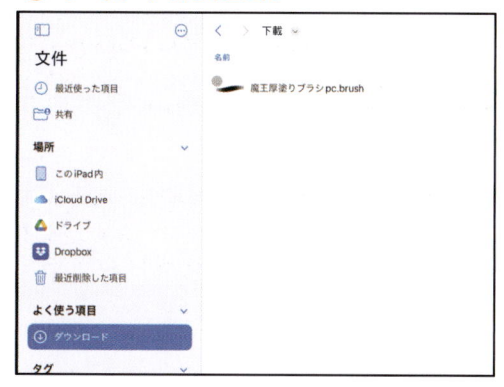

❶ 下載筆刷檔案

下載適用於 Procreate 的筆刷。筆刷會保存在文件應用程式的「下載」中，點擊 zip 格式的檔案即可解壓縮。

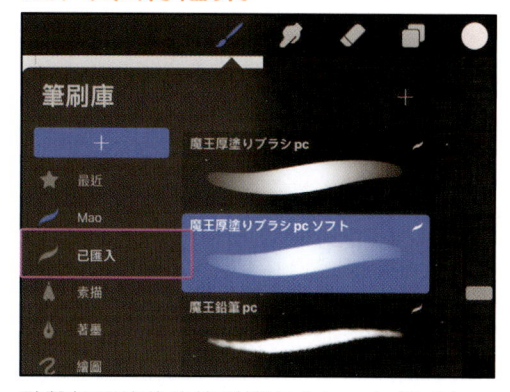

❷ 匯入筆刷檔案

點擊解壓縮後的筆刷檔案（.brush 格式），Procreate 就會自行啟動，並將筆刷新增到筆刷庫中的「已匯入」裡，就可以像使用其他畫筆一樣使用它了。

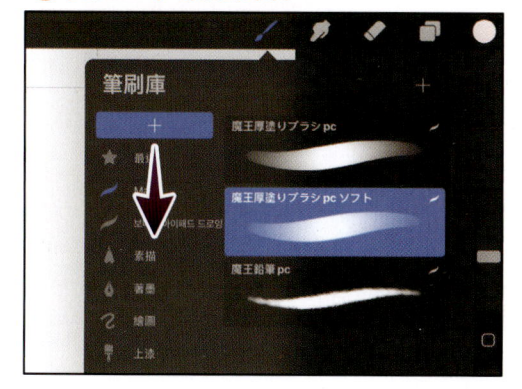

❸ 建立筆刷分類

將筆刷庫中的分類向下拖曳時，上方會出現一個「＋」的標示。點擊即可新增一個新的分類。分類名稱可以自由變更。

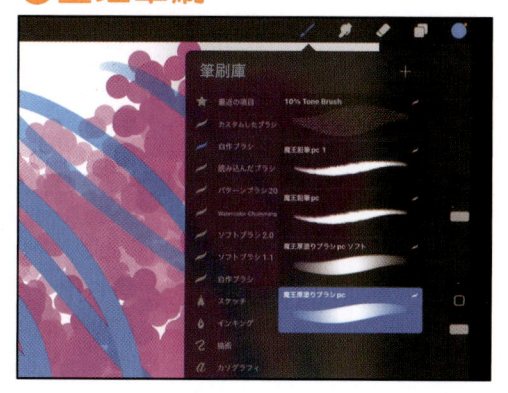

❹ 整理筆刷

將筆刷拖曳到分類中，就可以按照類別整理好。把常用的筆刷集中放在一起，能大幅提升繪圖效率。

掌握省時技巧

057

Chapter 3
自訂筆刷的方法

Procreate 提供了豐富的筆刷,並且可以進一步根據個人需求進行自定義、打造獨一無二的畫筆。每個人對筆壓和筆觸質感的偏好不同,使用適合自己的筆刷能有效節省時間。透過調整參數,可以將筆刷變成截然不同的樣式。不過,在自定義之前建議先複製一份原始筆刷,以保留原始的版本。

❶ 複製想要自定義的筆刷

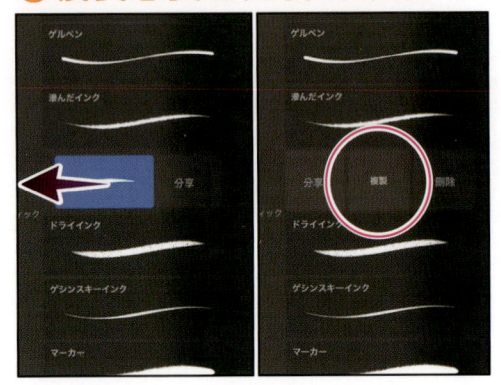

在自定義之前,先複製想要自訂的筆刷。向左滑動筆刷後,會出現「複製」選項,點擊即可複製筆刷。

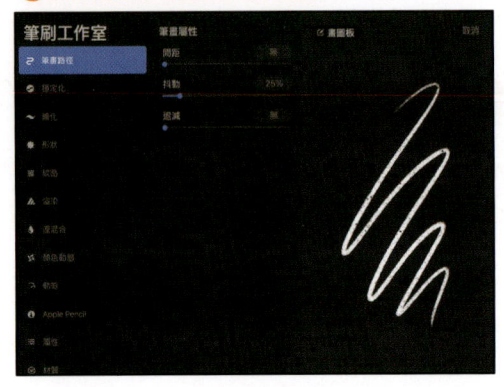

❷ 啟動筆刷工作室

點擊筆刷後,就會啟動筆刷工作室。在這裡可以調整各項設定,來進行筆刷的自定義。建議將參數大幅度調整,例如從100%調整到0%,透過這種方式來感受不同參數所帶來的變化。

穩定化

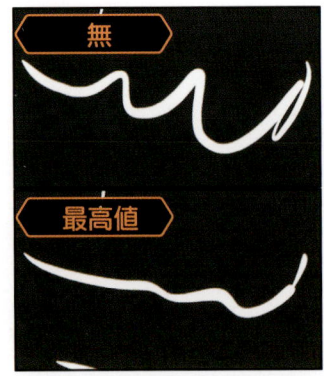

提高這個參數會讓線條變得更平滑流暢,非常適合想畫出漂亮的曲線時使用。

動態 > 抖動

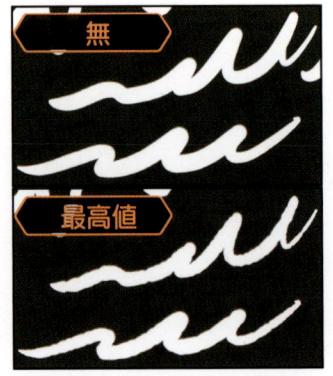

這種效果會讓線條隨機鼓起。應用到畫室畫筆等銳利的筆刷上,可以增添類似手繪的質感。提高透明度後邊緣變得透明,呈現的手繪效果更好。

錐化

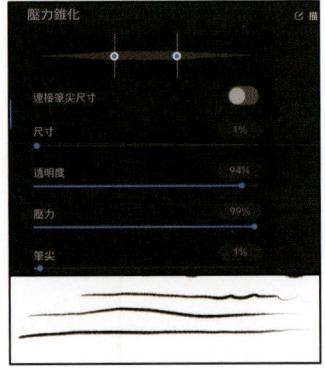

可以調整下筆(線條開始)和收筆(線條結尾)處的粗細。透過移動藍色的●,可以分別設定下筆和收筆的筆觸長度。

形狀

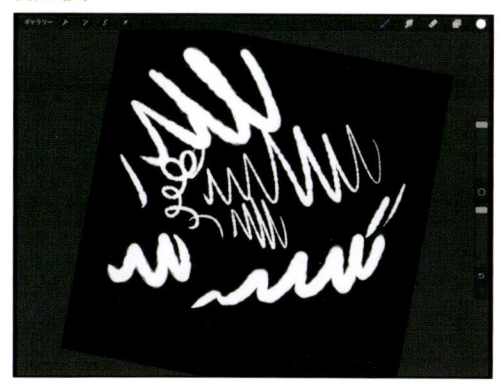

製作原創筆刷。將自己繪製的圖像匯入到形狀屬性的編輯器中，就能將這張圖像作為筆刷的形狀來使用。

❶ 新建一個圖像作品

製作一個尺寸約為 1000×1000px 的圖像，作為筆刷的形狀。

❷ 保存筆刷形狀圖像

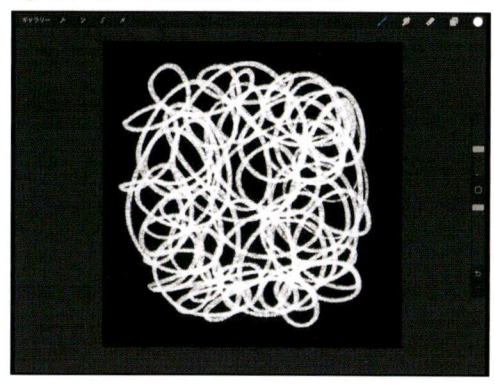

製作一個以黑色為背景、白色圖案為主的圖像作為筆刷形狀的圖案。在作品集中選取製作的圖像，然後點選「分享」選項將其以PNG圖像格式匯出並保存到文件中。

❸ 啟動筆刷工作室

複製你想要自定義的筆刷，然後點擊啟動筆刷工作室。選擇「形狀」，點選「形狀來源」以進入形狀編輯器。

❹ 匯入筆刷形狀圖像

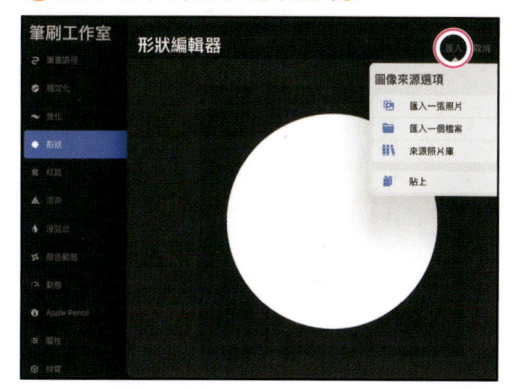

在形狀編輯器畫面中，點擊選單中的「匯入」，然後點選「匯入一個檔案」，在檔案中點選步驟❷的圖像，再點選「完成」。

也可以加上製作者的簽名

原創筆刷也能加上簽名。此外，點選「關於這枝筆刷」建立一個新的重置點，這樣即使進一步加工筆刷，也能夠隨時重置回到原本狀態。

掌握省時技巧

調色板省時的技巧

如果每次調整筆刷或上色的顏色，都需要從工具列調出設定畫面，那麼作品永遠來不及完成。尤其在繪圖中後期到收尾階段，進行細部修正時，如果能夠簡化換色流程，將大幅提升繪圖效率。拖動「顏色」工具最上方的小把手，即可將調色板變成永久顯示且可移動的小型面板，使用者可以自由調整位置，以便隨時進行顏色切換。Procreate軟體內建六種不同類型的調色板，可以根據繪圖情境或個人偏好進行選擇。

拖動上方的小把手

若每次更換顏色時，都要調出顏色設定，不管多少時間都不夠用。如果想更輕鬆地更換顏色，此時只需拖動螢幕上方的小把手即可。

永久顯示

調色板會縮小並永久顯示在螢幕上。你可以透過下方圖示，切換至不同類型的調色板及顏色功能。

自由移動

可以將調色板自由移動到螢幕中的任何位置，根據畫作的需求將它移到合適的位置吧。

收起來也很容易

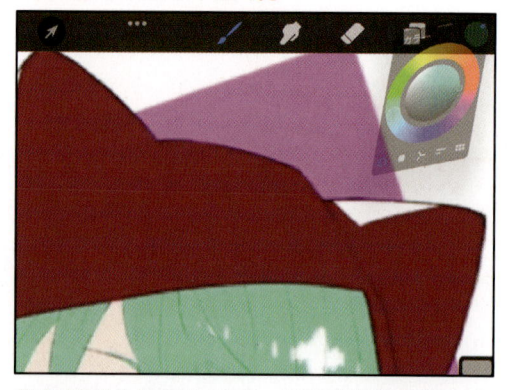

當你想要收起調色板時，只需點擊調色板右上角的⊗符號，它就會像被吸進去一樣，消失在畫面的右上角。

調色板的顯示可以透過下方的圖示進行切換。如果想憑直覺選擇顏色時，建議使用「色圈」、「經典」或「調和」模式。當需要精確設定特定顏色時，可以使用「參數」或「調色板」模式。如果你想使用預先決定的顏色來上色，可以將這些顏色準備好並排列在「調色板（輕巧）」模式中，這樣可以讓上色工作更加順暢。此外，「調色盤」還有一種顯示較大色塊的「色卡」模式。選擇自己喜歡的模式或方便作業的顯示方式，能有效縮短上色時間。

色圈

色圈型調色板的外圈可以用來選擇色相，內圈則用來選擇亮度與飽和度。因為色相是以環狀排列，這種介面十分直觀且容易使用。

經典

傳統的調色板。可以使用下方的拉桿來選擇色相，並在上方的調色區域調整亮度和飽和度。由於縱橫排列的設計直觀易懂，習慣用這種方式調色的人一定會愛不釋手。

調和

透過上方的色圈設定色相和飽和度，下方的拉桿設定亮度。目前選擇的顏色會以大〇顯示，而對應的互補色則會以小〇顯示。這樣可以輕鬆設定補色，非常方便。

參數

這是用精確參數設定顏色的調色板。HSB模式是透過色相、飽和度和亮度來設定顏色；RGB模式是在0～255的範圍內設定光的三原色；HEX模式則是以16進位制表示的RGB值。

調色板（輕巧）

調色板可以透過一鍵點擊色塊來快速切換到指定的顏色。在輕巧模式下，你可以選擇30種顏色。色塊組合也可以隨時切換使用，非常方便。

調色板（色卡）

這是色塊的放大顯示模式。色塊名稱也會顯示出來，因此當你需要按照指定的顏色進行正確上色時，這種顯示模式會非常方便。

Chapter 3
將圖像轉換為調色板

當你想製作一個原創的調色板時，如果必須一次次用取色滴管挑選顏色，然後逐一設置色塊再排列在調色盤板上，過程會非常繁瑣。Procreate 提供了一個功能，能夠輕鬆地以相機拍攝或現有的圖片為基礎建立原創的調色板。你可以匯入喜歡的圖片或過去的作品，並將其轉換為調色板，非常方便。參考用的圖片可以透過 iPad 的相機拍攝，或者從相簿和檔案中匯入。調色板製作完成後，也可以自由進行自訂。

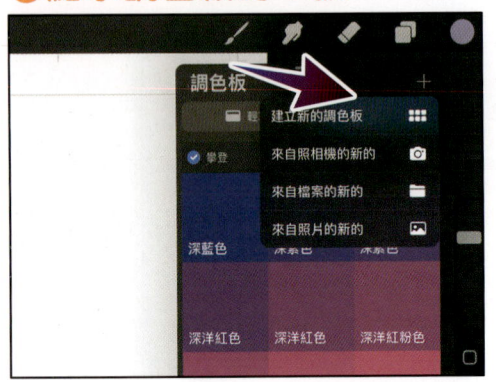

❶ 點擊調色板的 ＋ 號

將顏色切換到「調色板」，然後點擊右上角的「＋」號。在「建立新的調色板」下方，會出現「來自照相機的新的」、「來自檔案的新的」和「來自照片的新的」這三個選項。此處選擇「來自照相機的新的」。

❷ 將相機對準被攝物

iPad 的相機畫面會顯示出來，將畫面對準你想取色的影像時，中央會顯示出調色板，在「視覺」模式下，會選取畫面中央的顏色，而在「索引」模式下，則會從整個畫面中選取顏色。按下快門按鈕後，就會自動出現調色板。

❸ 自動製作成調色板

製作的調色板會自動收錄在調色板列表中。你可以自行更改調色板的名稱、色塊名稱與排列順序。

❹ 完成原創調色板

根據自然色調來製作調色板，可以使畫作整體色調統一，呈現和諧的氛圍。或者，你也可以根據喜歡的配色作品來製作調色板。需要再次繪製之前創作的角色時，這個功能非常實用。

從「檔案」或「照片」製作調色板

除了使用相機外，你也可以從 iPad 的「檔案」或「照片」中選擇已儲存的圖片，來製作調色板。這些調色板與「來自照相機的新的」的「索引」模式相同，會根據整個圖像的配色來製作出調色板。

更改調色板名稱

點擊調色板名稱後，即可更改。建議將名稱更改為與使用的作品相關的名稱，這樣就可以更好地管理，讓你能隨時找到想使用的調色板。

更改色塊名稱

將模式切換為調色板（色卡）後，每個色塊的名稱會顯示出來。你可以點擊名稱來更改，這樣設定後，可以清楚地知道每個顏色的用途，進而能準確地使用相同的顏色來上色。

更改色塊的排列

自動生成的調色板顏色排列看起來有些隨機，使用起來可能不太方便。你可以拖曳色塊，自由地調整它們的位置。此外，長按色塊就會顯示刪除或新增的選單。

將經常使用的色塊按照亮度順序或顏色組合進行排列，可以讓上色作業更有效率。可以刪除過於相近或不使用的顏色，並添加其他顏色，依據個人需求來進行調整，使用會更加順手。

Chapter 3

利用「混合模式」節省時間

陰影、亮部、亮光、頭髮或服裝的漸層效果，若直接上色，常會遇到配色困難或需花費大量時間修正的問題。利用圖層疊加並活用混合模式，可以用較少的操作達到預期的效果。了解各種混合模式的特性，靈活運用來節省作業時間吧！這裡介紹了6種常用的混合模式，建議試看看它們各自能帶來什麼樣的效果吧！

❶ 點擊圖層的英文字母

要設定圖層的混合模式，請點擊該圖層勾選框左側的英文字母。這個字母代表目前套用的混合模式縮寫，初始設定是N（Normal）。

❷ 從列表中選擇模式

點擊縮寫後會顯示混合模式的列表，選擇你想要使用的混合模式。列表中還有許多其他選項，可以向下滾動查看。再點擊一次縮寫，列表就會隱藏起來。

❸ 用透明度調整套用的程度

混合模式的效果可以透過透明度進行調整。拖動拉桿即可增加或減少效果的強度。

當透明度為100%時，效果達到最大，數字越小，效果就越弱。善用混合模式，可以在少量的操作下達到目標的色彩，比起反覆塗抹淡色來調整更加省時。

064

正常

把一個圖層疊在另一個圖層上時，上面的圖層就會直接顯示在下面圖層之上。這是最基本的混合模式，適用於各種場景。

色彩增值

將下層圖層和上層設定的圖層顏色相互混合，產生較暗的顏色。常用於陰影上色時。

濾色

與色彩增值模式相反，下層圖層和上層設定的圖層顏色相互混合後，會產生較亮的顏色。常用於營造柔和氛圍時。

覆蓋

此模式將上下圖層的顏色混合，亮的部分呈現覆蓋效果，暗的部分則呈現色彩增值效果。這種混合模式用在讓畫面更有層次感時。

加亮顏色

此模式會使顏色疊加後變亮，且對比度減弱，用於亮光部分時效果特別明顯。

加深顏色

此模式會使下方圖層的顏色變暗並增強對比，適合在需要強化色塊對比，讓畫面更鮮豔生動時使用。

掌握省時技巧

Chapter 3
快速「變更顏色」節省時間

當你無法決定角色要使用哪種配色,並想要嘗試不同顏色時,可以使用「變更顏色」功能來大幅節省時間。你可以將顏色的底色或是想要更改顏色的部分設為「正常」圖層,然後將游標移到相應的塗色部分,便可以透過調整調色盤中的色彩條更改顏色。並在預覽的同時,尋找最適合角色的顏色。

❶ 設定速選功能表

透過手勢控制(見p.52)設定「速選功能表」的手勢,並透過設定的手勢啟動速選功能表。將其中一個項目長按,設定為「重新著色」。

❷ 將圖層設為「正常」

將底色或是想要更改顏色的圖層設為「參照」。

❸ 將游標對準目標

建立一個新圖層,啟動速選功能表,並選擇「重新著色」。將游標對準要更改顏色的地方(這次是頭髮),即可將顏色更改為目前選擇的顏色(這次是粉紅色)。

❹ 使用調色板進行更改

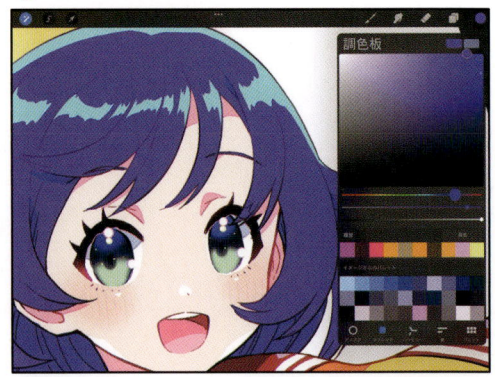

打開調色板後,並進行顏色更改時,也可以更改色相,還能調整飽和度和亮度,藉此找到自己喜歡的顏色吧!

透過顏色中的參數拉桿隨時進行調整

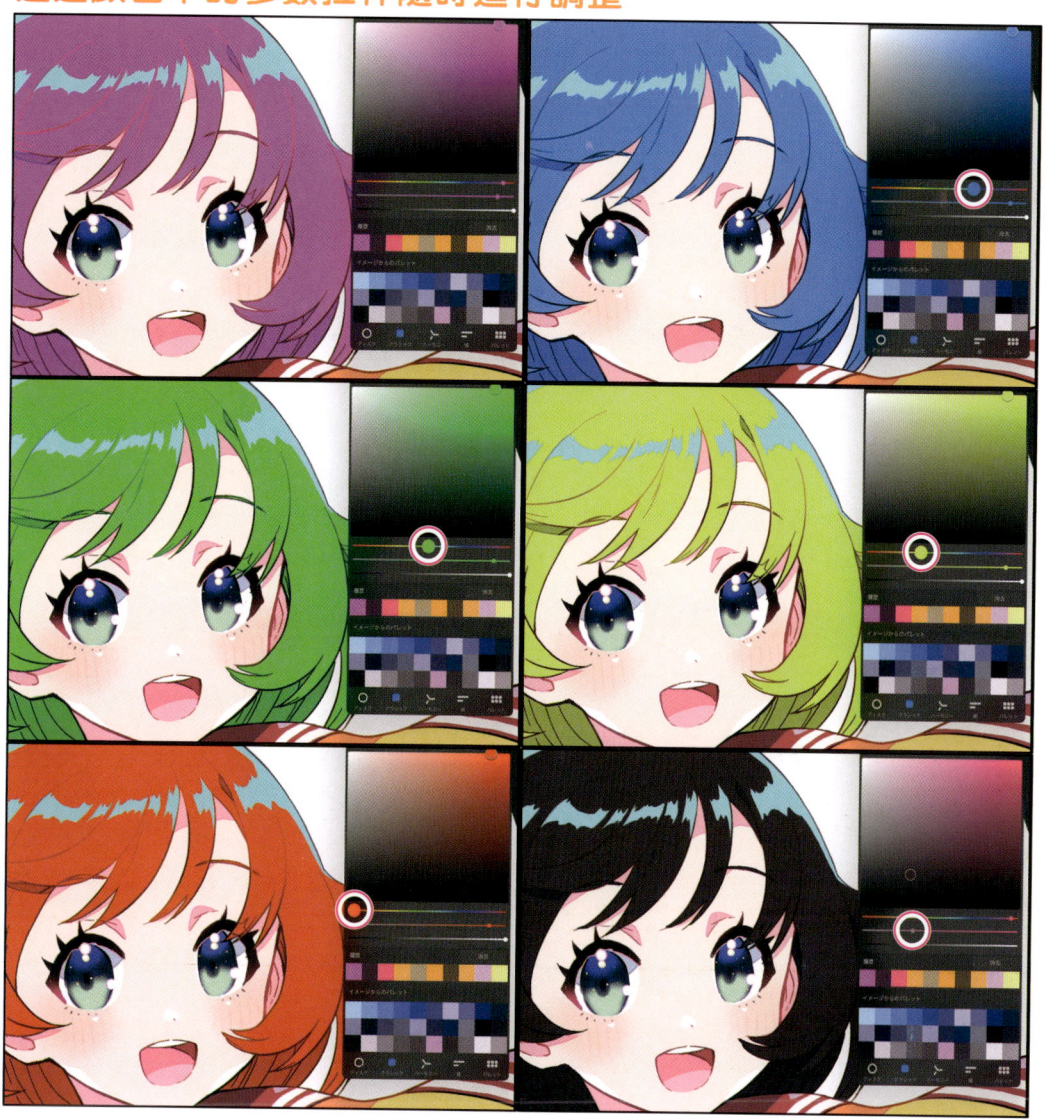

將每個部分仔細地分開上色，之後會非常方便喔！

Chapter 3
透過「變形功能」節省時間

為了微調作品而重畫整幅圖非常耗時，透過Procreate提供的豐富變形功能，可以靈活地進行變形與微調。此外，還可以將其他地方繪製的圖案嵌入到作品中，例如衣服的圖案等，十分方便。善用變形功能，讓你的作品更快速地完成吧。

基本變形（均勻）

選擇畫面上方的「變形」選單後，可以對目前選定的圖層中的圖像進行變形操作。選擇「均勻」可以保持圖像的縱橫比例進行變形和旋轉。如果操作錯誤，可以點擊最右方的「重置」恢復到初始狀態。

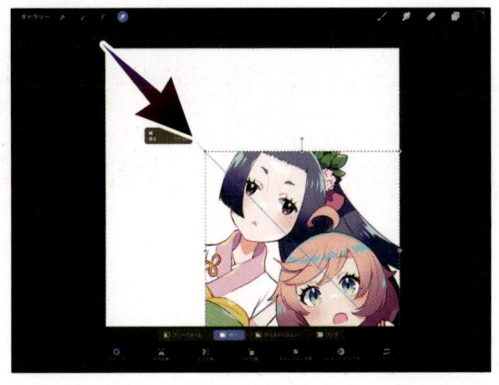

拖動藍色●可以調整圖像的大小。首先選擇「均勻」模式，先來了解一下三種●的操作方式吧。

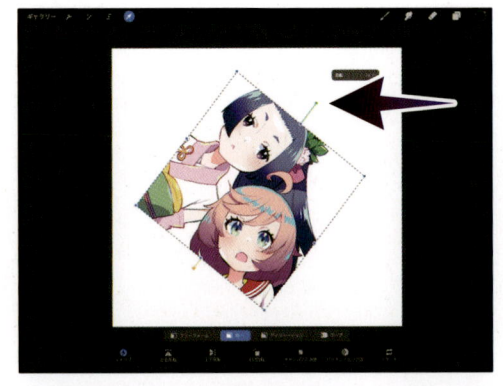

拖曳綠色●可以旋轉選取的圖像。旋轉時，會顯示相對於原本位置的旋轉角度，方便進行精確的角度調整。

拖動黃色■可以在保持內部圖像不變的情況下，旋轉選取範圍。這三種顏色●的使用方式，在「均勻」以外的變形模式也是一樣的。

068

自由形式

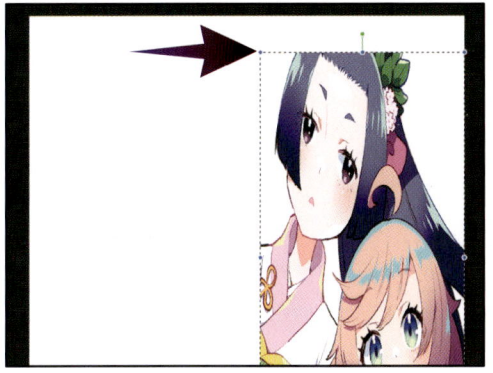

若選擇「自由形式」變形模式,可以自由改變圖像的縱橫比例。

扭曲

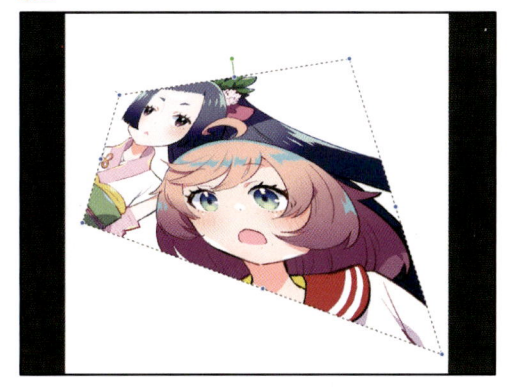

若選擇「扭曲」變形模式,可以自由移動圖像的四個角落,讓它變形。

翹曲

若選擇「翹曲」變形模式,可以以拖曳的地方為中心進行變形,讓圖像滑順的彎曲。

這個功能適用於貼上衣服圖案或花紋等情況。使用「翹曲」變形模式時,畫面上會顯示網格,可以作為變形的參考依據。

進階網格

可以在「翹曲」變形模式下做更細緻的調整,點選下方的「進階網格」,這時網格的交點上會顯示控制點(藍色●),可以拖動控制點調整。此外,也能拖動控制點以外的地方變形。

其他變形功能

「水平翻轉」、「垂直翻轉」、「旋轉45°」等功能會在點擊後按各自的名稱進行相應操作。點擊「配合畫布大小」則會將變形後的圖像調整至畫布的大小。

掌握省時技巧

Chapter 3
使用「液化工具」快速調整

在進行細微調整時,「液化」工具非常有用。透過手指或 Apple Pencil 的操作,可以精細地修改插圖的細節,也能用來創造各種效果。
常用的功能包括「推離」、「捏合」和「膨脹」。
而「重建」則是可以將已經液化的插圖部分還原的工具,適合在需要清晰呈現的部分,如臉部或徽章等使用,可以在多種情境中靈活運用。

液化模式

從上方選單中的「調整」選擇「液化」,即可使用液化模式。

液化工具的影響範圍可以透過「尺寸」和「壓力」來進行調整,液化程度則可透過「扭曲」和「動量」進行設定。

推離

點選「重構」,在選單中選取「推離」功能,可以將選擇圖層中的圖像,朝向筆刷移動的方向推動,進行液化變形。適合用於細微調整繪圖比例的時候。

逆時針扭曲／順時針扭曲

「逆時針扭曲」和「順時針扭曲」功能會在你持續點按畫面時,分別將圖像向右或向左旋轉(順時針或逆時針)。

捏合

「捏合」這個功能會讓畫面好像被吸進去一樣，縮到你的手指點的地方。只要輕輕點幾下，就能簡單調整各部份的大小。

膨脹

「膨脹」功能與「捏合」相反，它會將會將周圍的像素從觸控點遠離，產生膨脹的效果。這也是用於簡單調整各部分大小的好工具。

水晶

「水晶」功能會沿著觸控筆跡的方向，將周圍像素不均勻地向外推移，產生如細小碎片般的效果。

邊緣

「邊緣」功能會將周圍的像素沿著線而非點進行吸入。產生類似邊捏合邊移動 Apple Pencil 的效果。

重構

「重構」功能可將已經使用液化工具變形後的部分區域，恢復到變形前的狀態。

在目前的液化效果下，可以使用這個功能將過度液化的部分還原。對於臉部、眼睛這類需要部分恢復以增強對比效果的地方特別實用。

掌握省時技巧

071

Chapter 3
使用「速創形狀」節省時間

如果全都用徒手來畫，插畫中的直線或球體等形狀可能會歪歪扭扭的。但如果一直修改又會浪費很多時間。學會使用速創形狀，就能輕鬆畫出完美的圓形或方形，使插畫的細節更加精緻。快來學習速創形狀，讓你的繪畫速度大大提升吧！

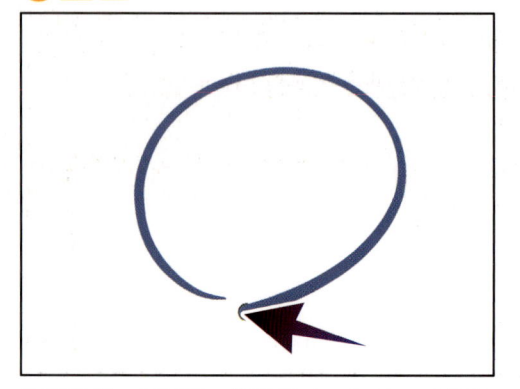

❶ 畫圓

徒手畫出一個圓形，並保持 Apple Pencil 筆尖不要離開螢幕。

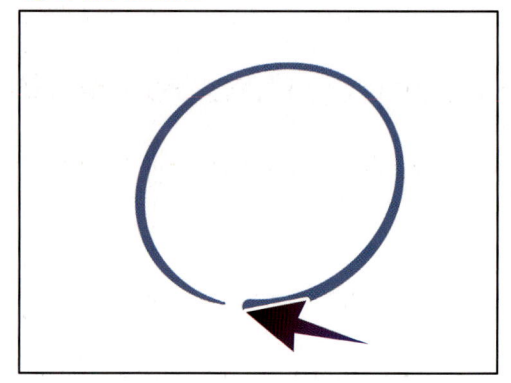

❷ 長按變形

持續長按，圓弧就會自動修正得更圓滑。此時放開 Apple Pencil，圓弧就會固定下來。

❸ 用手指點一下就能變正圓

若在不放開Apple Pencil的情況下，用另一隻手的手指點在螢幕任一位置，此時圖形就會瞬間變成正圓形。

❹ 移開Apple Pencil來確定形狀

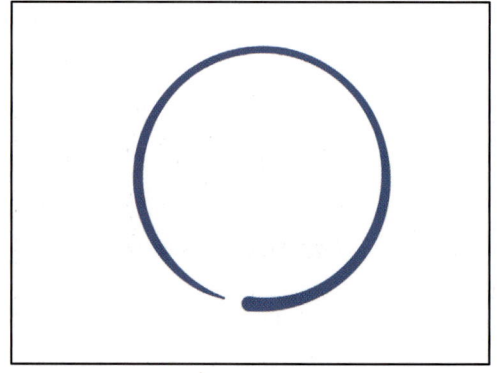

當圓形變成正圓後，移開Apple Pencil，這個圓形就會固定下來。多練習幾次，你就能隨心所欲地畫出正圓。

❺之後可以進行編輯

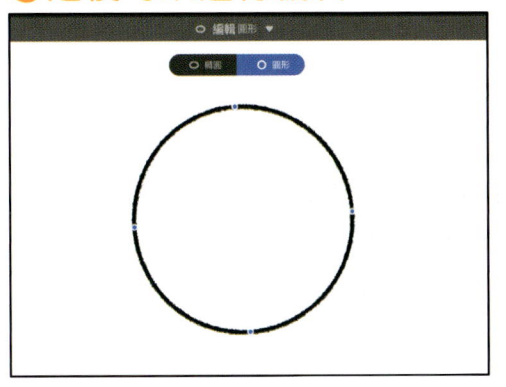

❻切換正圓與橢圓

使用速創形狀畫出的圓形，可以點擊上方工具列進行後續編輯。你可以將正圓修改成橢圓，也可以自由調整形狀。

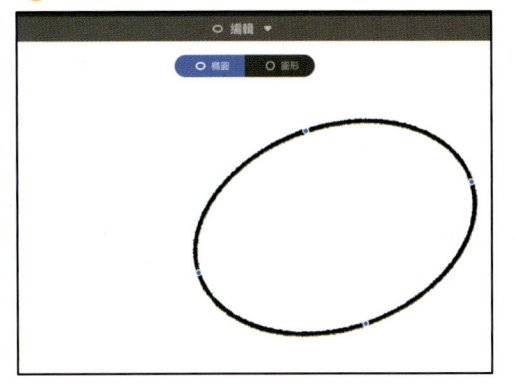

根據繪製的圖形不同，可以進行的編輯也會有所變化，例如橢圓形可調整成正圓。

四邊形的情況

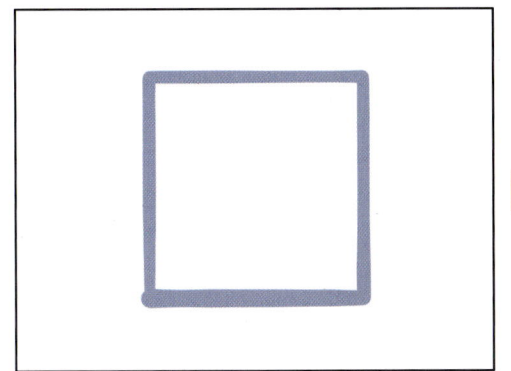

手繪一個四邊形後長按，就會變成一個完美的矩形。在不移開Apple Pencil的狀態下，用手指輕點一下螢幕，就會變成正方形。

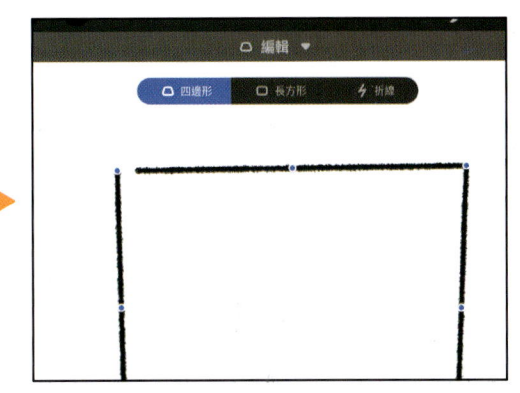

四邊形和圓形一樣，都可以後續編輯。你可以隨意調整「四邊形」的形狀，調整成正方形或長方形，讓它看起來更完美。也可以將其切換為多邊形（多角形）。

多邊形的情況

如果畫出的圖形既不是圓形也不是四邊形，則會成為多邊形（多角形）。畫完後長按，圖形就會變成由角與直線組合而成的形狀。

點擊上方閃電符號「編輯」後，多邊形的角上會自動出現藍色的●點，讓你可以自由編輯。使用速創形狀功能，就能精準地繪製出想要的圖形。

掌握省時技巧

073

Chapter 3
使用「繪圖參考線」節省時間

在一片空白的畫布上繪畫時，剛開始常常會因為不熟悉而畫得歪七扭八，浪費很多時間。「繪圖參考線」就是為了這種情況而設計的功能。當你開啟「繪圖參考線」時，畫布上會顯示網格。除了「2D網格」之外，還有「等距」適合繪製等距視角的插圖、「透視」方便畫出透視效果的線條，以及適合繪製左右對稱圖案的「對稱」模式。開啟「輔助繪圖」功能後，就可以輕鬆地沿著輔助網格繪製線條。

❶ 繪圖參考線的開啟與關閉

點選上方選單的「操作」，然後選擇「畫布」，並開啟「繪圖參考線」功能。要設定顯示哪些繪圖參考線類型，可以在「編輯繪圖參考線」中進行設定。

❷ 編輯繪圖參考線

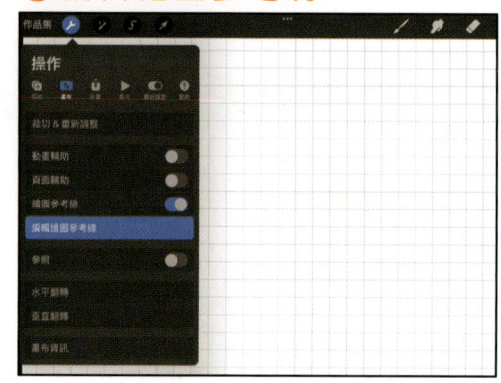

點選「編輯繪圖參考線」就可以進行各種調整。繪圖參考線包含「2D網格」、「等距」、「透視」和「對稱」這四種類型。

2D網格

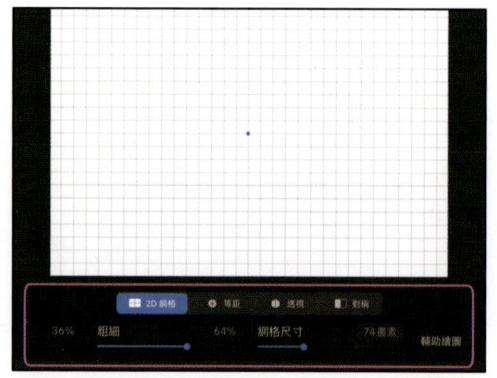

選擇「2D網格」後，畫布上會顯示「網格」。在畫布下方的控制列中，你可以調整網格的透明度、網格的粗細和網格尺寸等設定。

點擊網格尺寸的數值部分，可以用不同的單位來調整網格的大小，用於需要精確繪圖時非常實用。編輯完成後，點擊右上角的「完成」。

等距

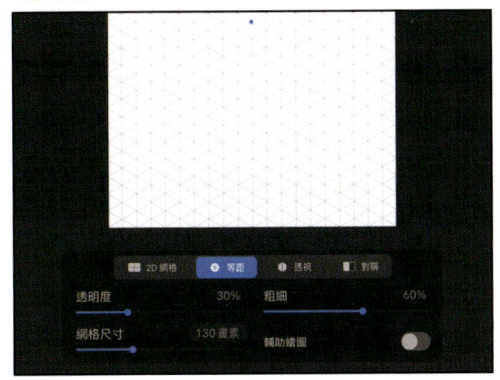

選擇「等距」後，畫布上會顯示正三角形的網格，可以畫出60度的線條。

透視

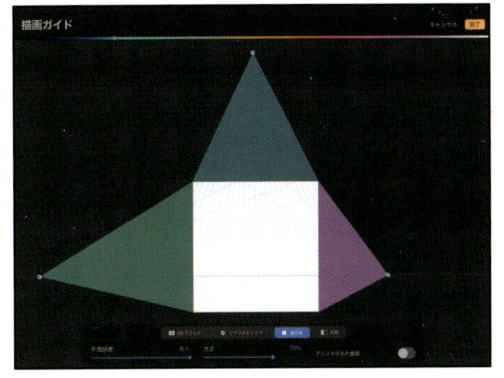

「透視」可以新增消失點。簡單來說就是可以畫出有透視感的線條。在畫面上點選，最多可以新增三個消失點。如果開啟「輔助繪圖」後，就能畫出具有透視感的線條，輕鬆畫出立體感的背景。

對稱

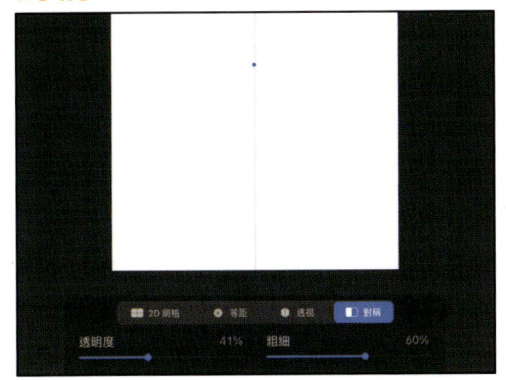

選擇「對稱」後，在其中一側畫的內容會鏡像反映到另一側，非常適合用來繪製左右對稱的圖案。也可以調整繪圖參考線的角度。

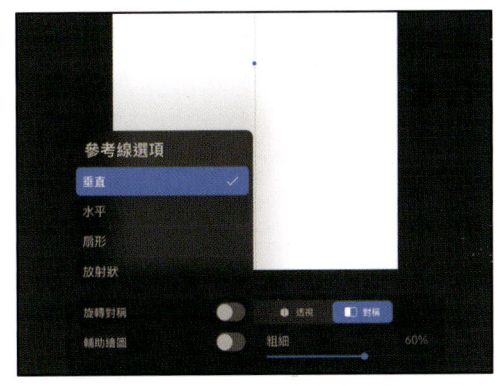

點選左下角「選項」除了基本的垂直、水平之外，也有扇形和放射狀對稱圖案選項。

「輔助繪圖」的開啟與關閉

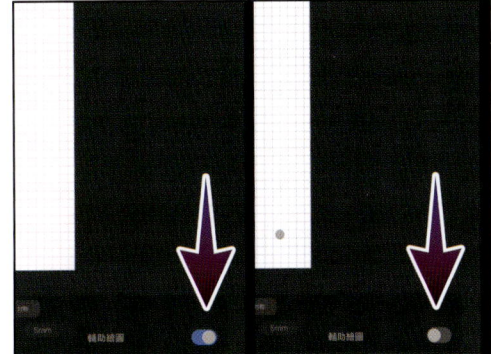

開啟「輔助繪圖」後，筆刷就只能沿著繪圖參考線繪製線條。這對於繪製漫畫框線或設計非常有用，不需要時關閉即可。關閉「繪圖參考線」時，也記得要一併關閉這個功能。

> 不僅要關閉「繪圖參考線」，記得也必須要關閉「輔助繪圖」功能喔！

掌握省時技巧

使用繪圖參考線的「2D網格」功能

「2D網格」就像可以顯示格子的方格紙。不僅適合用來檢查繪畫比例，製作平面圖等需要直線的圖版也很好用。可以調整網格的透明度和粗細，格線的大小也能以不同單位的數值來設定。

拖動藍色的●就可以移動整個繪圖參考線，將格線放在任何你想要的位置。以藍色●為中心，使用綠色●可以改變格線的角度。格線本身維持正方形，但格線整體會傾斜。

啟用「輔助繪圖」後，就能讓筆刷自動沿著格線的方向繪製線條。即使關閉了繪圖參考線，只要「輔助繪圖」還開啟著就無法自由繪畫。因此務必同時關閉才行。

可以繪製整齊的直線

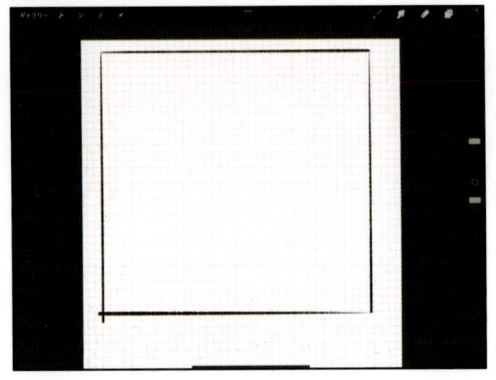

自動沿著繪圖參考線的方向畫出直線，並且能輕鬆繪製出直角，非常適合用來繪製圖表，也很適用於繪製角色的背景。

也能輕鬆繪製漫畫框線

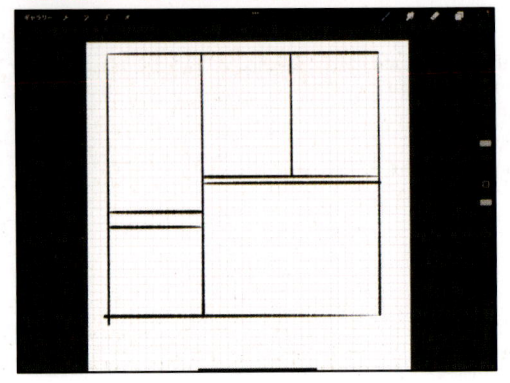

最重要的是，這對於繪製漫畫等的框線非常方便，能精確地描繪草稿的格線，沒有其他工具能像這樣大幅節省時間。

適用於任何筆刷

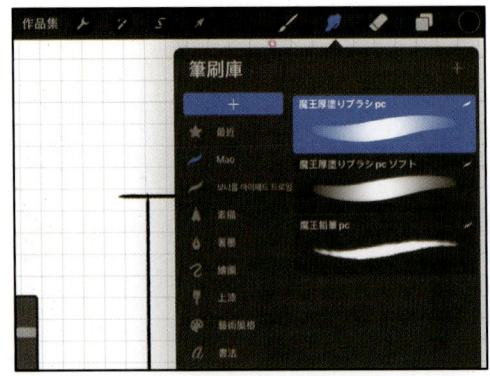

而且，繪圖參考線適用於所有筆刷。

不僅適用於像「畫室畫筆」這樣細緻的筆刷，也同樣適用於藝術風格的筆刷，讓你可以嘗試新的表現形式。

使用繪圖參考線的「等距」功能

「等距」是一種將三次元空間的縱、橫、深三個方向以各自120度交叉方式描繪的投影法，常用於俯視圖等。在網格上你會看到像是大量正三角形排列的線條，這是一種非常實用的繪圖參考線，能幫助你輕鬆繪製立方體等立體物體。這種視角在遊戲中也很常見。

與「2D網格」相同，你可以調整透明度、線條粗細和網格大小。此外，可以用藍色●來移動網格，用綠色●來旋轉網格。

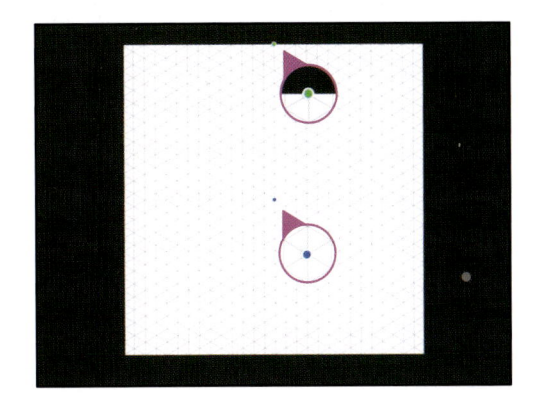

利用「等距」繪圖參考線

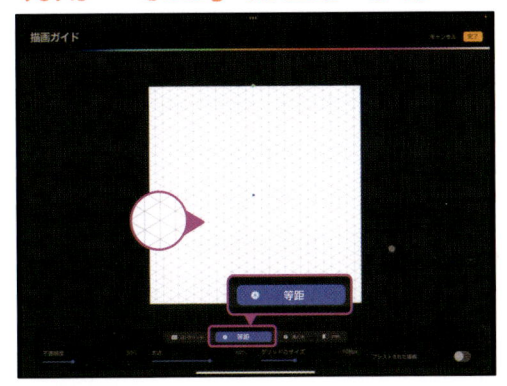

想要輕鬆繪製立體圖形，使用「等距」的繪圖參考線非常方便。只要參考這些線條，就能畫出比例均衡的圖形。

啟用「輔助繪圖」

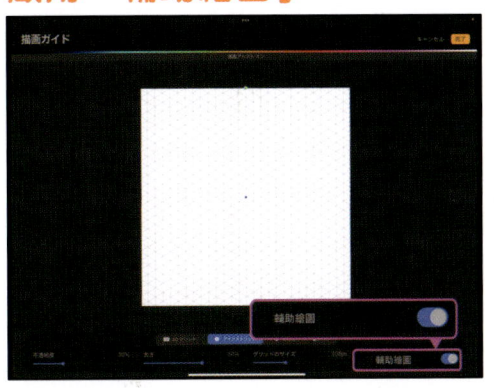

開啟「輔助繪圖」功能後，沿著「等距」的繪圖參考線繪製線條，這樣就能畫出更精準的立體圖形。記得用完後要關閉這個功能喔！

輕鬆畫出立體圖形

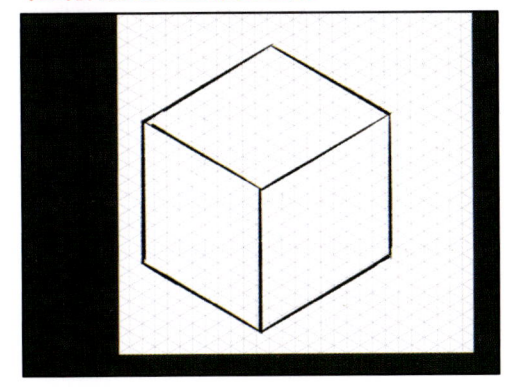

只需沿著繪圖參考線畫線，就能輕鬆畫出精準的立方體。這樣畫出的圖形不僅沒有變形，還十分美觀。

也能用於設計Logo

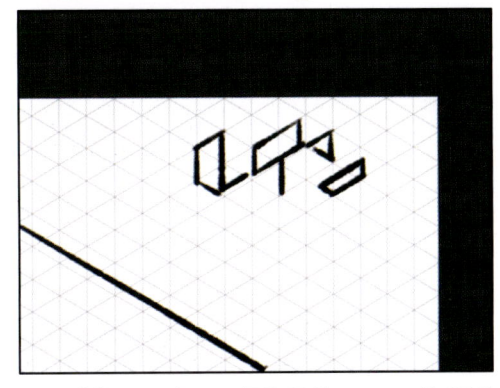

我用「等距」畫了一個簡單的 Logo，沒想到只要角度固定，就能做出很有設計感的作品。「等距」非常適合繪製精緻、有型的設計。

掌握省時技巧

使用繪圖參考線的「透視」功能

將消失點設定在畫面之外,並從該點向外放射出線條,這就是「透視」的繪圖參考線,透過這種方式我們可以繪製出越遠越小、透視感十足的圖形。最多可設定三個消失點。
繪圖參考線的透明度和線條粗細都可以調整。透過這個功能,可以繪製出具有深度感的背景,輕鬆地打造出具有震撼力的插圖。

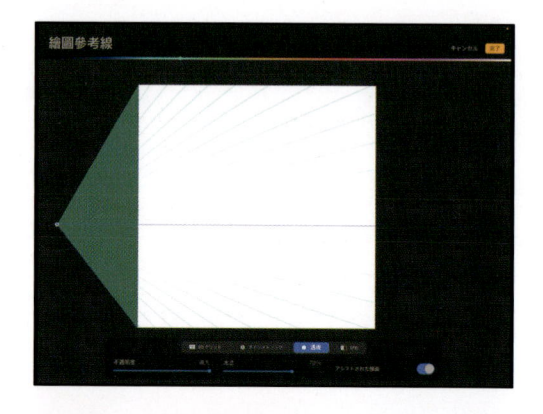

設定消失點

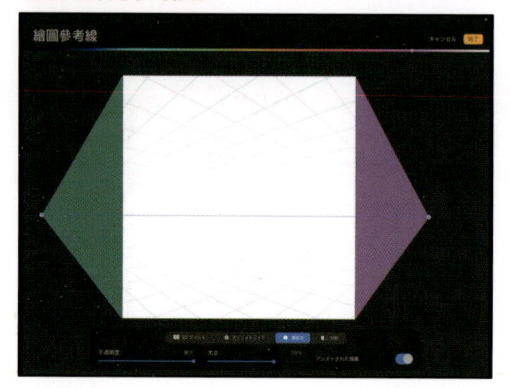

輕觸畫面設置兩個消失點,最多可設置三個。

開啟「輔助繪圖」

開啟「輔助繪圖」後,就可以沿著繪圖參考線畫出線條。

畫建築物變得很容易

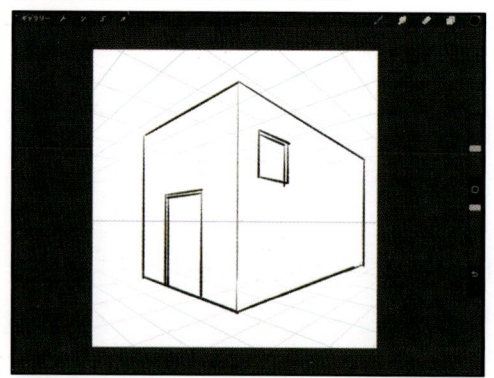

只需不斷地畫線,就能輕鬆畫出具有透視感的建築物圖像。而且畫出來的線條非常精準,不會有歪斜的問題。

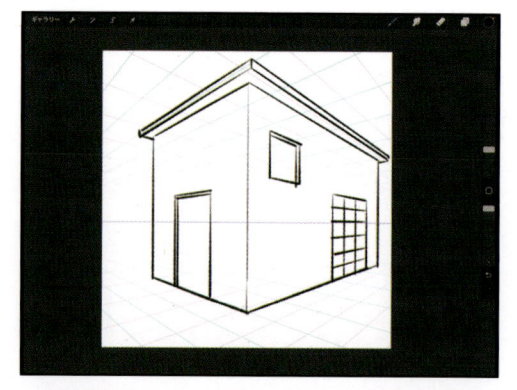

利用繪圖參考線,角色背景中的建築物等也能輕鬆快速繪製,非常方便。設置第三個消失點後,還可以繪製出帶有仰視效果的圖畫,各位不妨試試看。

使用繪圖參考線的「對稱」功能

「對稱」繪圖參考線與其他繪圖參考線略有不同，它會以基準點為中心，自動在對稱的位置繪製相同的線條。這個功能非常適合設計左右對稱的圖案。此外，除了左右對稱，還可以選擇上下對稱或四個方向對稱等，這在繪製小物件時特別實用。

基準點可以用藍色●移動，並透過拖動綠色●來調整角度。基準線的透明度和粗細也都可以調整。

一般情況下，「對稱」是相對於基準線對稱繪圖，但當開啟「旋轉對稱」時，就會以藍色●為中心點，進行點對稱繪圖。

請注意，如果沒有開啟「輔助繪圖」選項，對稱功能將無法使用。若發現自動繪圖功能無法正常運作，請務必確認是否開啟此設定。

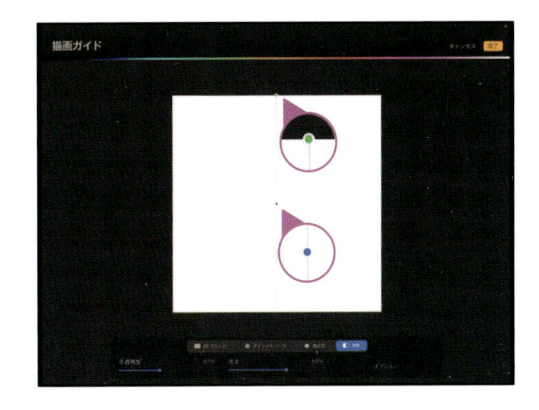

自動繪製對稱線條

不論在左側或右側繪製線條，系統都會自動在基準線的對稱位置繪製相同的線條。這個功能在繪製具有高度對稱性的圖案，例如徽章設計時特別實用。

輕鬆繪製正面人像

在繪製正面人像時也非常實用。可以輕鬆畫出比例均衡的正面臉部。建議先使用繪圖參考線畫出草稿，再進行細節處的潤飾。

對稱選擇豐富

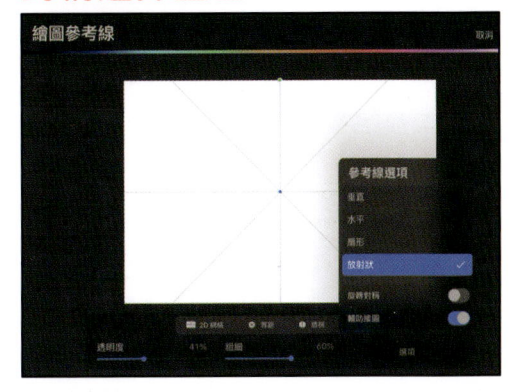

選項非常豐富，除了垂直對稱以外，還可以設定上下對稱、扇形或放射狀（八個方向）。如果開啟「旋轉對稱」後，系統會以中心點（藍色●）為基準，進行點對稱繪圖。

蕾絲圖案也能輕鬆繪製

在參考線選項中選擇「放射狀」，並關閉「旋轉對稱」功能，就能繪製出如圖的蕾絲圖案。可以創作出許多這樣的紋理，並將它們當作背景，繪圖參考線的運用充滿了無限的可能性。

掌握省時技巧

079

Chapter 3
使用「濾鏡」節省時間

當你完成了一幅插圖，但總覺得好像還少了點什麼時，這時就是濾鏡功能派上用場的時候了。這個功能可以為插圖整體加上亮光、噪點等效果，只有在數位繪圖上才能輕鬆地實現。而且套用效果程度也可以直觀地調整，瞬間讓插畫呈現出酷炫的視覺效果。

使用濾鏡

濾鏡功能可以從選單的「調整」選項中找到。在這裡，我們介紹幾種濾鏡效果，如增強光線的「光華」、圖像破壞系的「錯誤美學」，以及將圖片轉換為網點圖像的「半色調」等。

濾鏡的套用效果可以透過觸控畫面並左右滑動來調整程度。多嘗試不同的調整，找到你喜好的效果吧。

❶ 光華

將邊界線模糊得像發光一樣，營造出被光包圍的效果。可以調整「過渡」、「尺寸」和「燃燒」這三個元素，來改變效果。

左右滑動螢幕就能調整濾鏡的套用效果程度。多嘗試調整各種細節，藉此找到最符合你想要的視覺效果吧。

❷ 錯誤美學

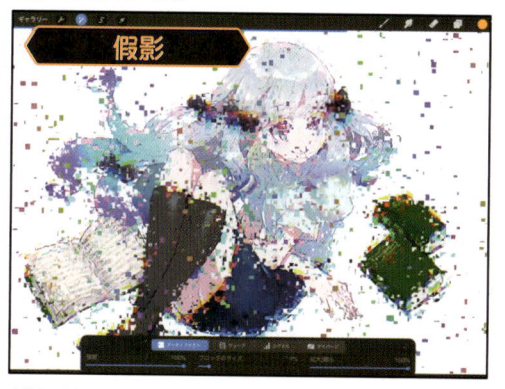

假影

錯誤美學是一種破壞圖像的濾鏡，透過四種不同的效果，能營造出各種效果。「假影」會在整個畫面散佈方塊狀的雜訊。透過調整量、阻塞尺寸和縮放等要素來控制效果。左右滑動螢幕就能調整濾鏡的套用效果程度。

波浪

波浪濾鏡會以左右拉扯的雜訊干擾圖像。可以調整「振幅」來改變水平偏移的幅度，調整「頻率」來設定垂直方向上波浪的數量，還可以調整「縮放」來改變波浪的大小。左右滑動螢幕就能調整雜訊的強度。

信號

信號濾鏡會在圖像上產生類似傳輸過程中會出現的方塊狀和橫向雜訊效果。與假影一樣，可以調整量、阻塞尺寸和縮放等要素來控制效果。左右滑動螢幕就能調整套用效果程度。

分歧

分歧是一種將RGB的顏色分別錯開，產生一種色彩分離感雜訊效果的濾鏡。可以調整紅、綠、藍色的套用程度和偏移方向。左右滑動螢幕就能調整濾鏡的套用效果程度。

❸ 半色調

全彩

網版印刷

半色調濾鏡提供了三種不同的效果，分別是「全彩」、「網版印刷」和「報紙」。
全彩模式會保留原圖，並根據配色疊加相應的色彩點陣，可以左右滑動螢幕調整點陣大小。

網版印刷模式會根據原圖的顏色進行點陣化，呈現出類似粗糙印刷的風格，還能表現出印刷品常見的摩爾紋雜訊。左右滑動螢幕可以調整點陣的大小。

掌握省時技巧

081

半色調中的「報紙」模式是會將圖像轉換為灰階，並轉換為黑白點陣的濾鏡，能夠再現報紙的網點效果。可以透過左右滑動螢幕來調整點陣的大小。

「報紙」模式也是可以應用於漫畫表現的網版印刷中的網點濾鏡。

❹ 色差

色差是指由於鏡頭的折射而產生的色彩偏移現象。色差濾鏡就是刻意製造這種效果，讓畫面看起來像是失焦了一樣。

色差濾鏡中的「透視」功能可以設定畫面中的焦點（灰色圓點），並根據這個焦點到其他位置的距離來決定顏色偏移的程度。可以調整過渡和退減的效果，焦點的位置可以拖曳移動。滑動焦點外的區域則能調整色彩偏移的幅度。

在「置換」模式下，會以原圖為中心，朝向拖動方向及其反方向產生色差偏移。可以使用「模糊」滑桿來調整模糊程度，「透明」滑桿調整偏移色彩的透明度。

只要善用濾鏡功能，就能在瞬間營造出各種酷炫的效果哦！

第4章
各種不同的上色技巧

Chapter 4
使用灰階上色法繪製

灰階上色法（grisaille畫法）是一種先用無彩色（灰階）畫出陰影，最後再上色的繪畫技法。對於不擅長一邊上色一邊考慮陰影的「厚塗」使用者來說，這種分開處理陰影和上色的畫法或許更適合你。在畫陰影時，想像自己正在用灰色的黏土捏製模型的感覺，這樣就不容易出錯！

❶ 線稿精細化

將草稿圖層的透明度降低，新建一個線稿圖層，開始進行線稿的描繪。由於這次是全身入鏡的構圖，所以線稿會畫得較細。範例中使用的是「魔王厚塗筆刷pc」，線稿的粗細設定在1～2%之間。

❷ 上色準備

線稿完成後，請參考第2章塗上顏色的「Phase3 步驟①～⑦（見p. 34～35）」，準備好上色的底稿。

❸ 填色時使用灰色

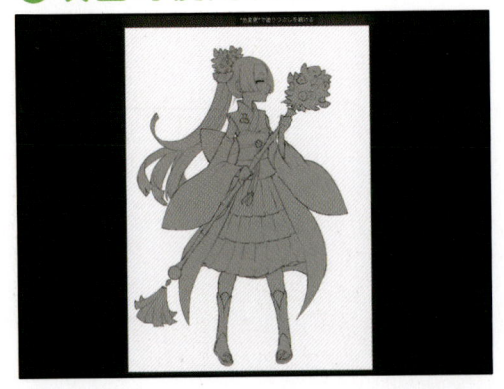

填充顏色的設定為，選擇「顏色」中的「參數」，然後將從上面數來第二排 S（飽和度）設為0%（無彩色），第三排 B（亮度）設為60%來製作灰色。H（色相）可以任意設定。重點是要製作出「無彩色的灰色」。

色相（色調）＝任意

飽和度（鮮豔度）＝0%

亮度（明亮度）＝60%

設定這三個參數來調出無彩色的灰色！

首先選擇「參數」

❹ 調整底色

用灰色填滿底色後，使用橡皮擦等工具將超出線稿範圍的塗色擦掉，並修正和調整底色。如果等到加上陰影或上色後再修正，會非常麻煩，所以建議在此步驟就先將底色處理乾淨。

> 灰階上色法真是太費功夫了……！不過，這些細緻的功夫日後一定會派上用場。

❺ 加上陰影

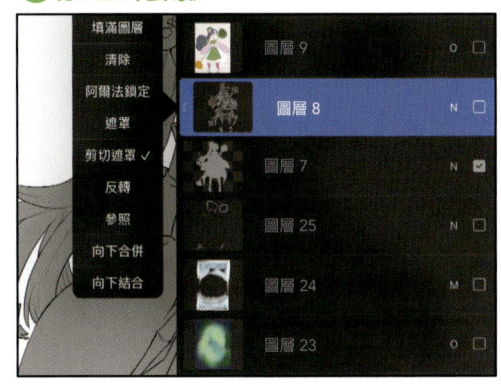

新增一個陰影圖層（圖層8），接著點選「剪切遮罩」，指向剛剛已經用灰色打底的圖層7，如此一來就只能在圖層7的範圍內上色。

在圖層8中，將顏色的飽和度（S）維持在0%，亮度（B）調整為40%，製作出較深的無彩色灰色，進行陰影上色。混合模式設定為「正常」。筆刷選用「魔王厚塗筆刷pc」。

在添加陰影時，只需注意「陰」（光照射在角色身上時相對產生的暗部）和「影」（物體之間重疊而遮擋光線產生的暗部）。圖中下巴的背面屬於「陰」，衣領附近則是臉的「影」。

不用太在意每個部位陰影深淺的差異，將其想像成灰色石膏像或黏土雕像來進行陰影上色。關鍵在於將皮膚、頭髮、衣服等部位都使用相同濃度的灰色。此外，只需要繪製變暗處，不需要上比灰色底色更亮的部分或打亮顏色。

各種不同的上色技巧

085

❻ 使用覆蓋模式上底色

> 熟悉之後會發現「覆蓋模式」超級好用喔！

在畫好陰影的圖層（圖層8）上方新增一個圖層（圖層9）。將圖層9的混合模式設定為「覆蓋」，並開啟「剪切遮罩」。接著，我們開始在圖層9上為角色上色。首先，使用色彩快填功能（見p.35 ❻）將整個圖層塗成膚色。

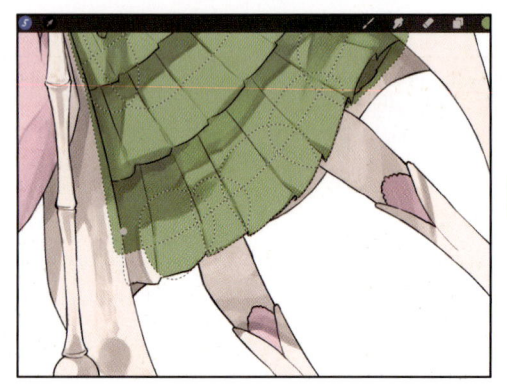

覆蓋模式（見p.65）能夠在亮部賦予圖層濾色效果，而在暗部賦予圖層色彩增值效果，適合用來增強明暗對比。可以根據需要交替使用筆刷或選取工具的「徒手繪」和「顏色填充」，來為頭髮、衣服等部位填上固有顏色。

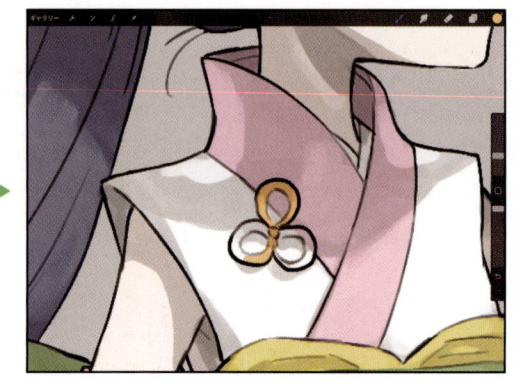

將陰影細節進行更細緻的顏色區分。透過放大畫面來塗繪細節，再縮小畫面查看整體平衡，不斷重複這個過程，確保沒有遺漏任何地方。

❼ 增加陰影鮮艷度

整體的著色已經完成了。不過現在的配色看起來有點暗沉，所以我們要進行調整，讓它變得更鮮豔。在圖層9上方新增一個圖層10，並啟用「剪切遮罩」。

將圖層10的混合模式更改為「覆蓋」，顏色參數選擇深紅色（H:341°、S:93%、B:62%）來填滿整個圖層。

❽ 調整圖層透明度

由於顏色變得太紅了,所以將圖層10的透明度降低到20%。

這樣一來,顏色就變得自然許多,特別是在肌膚和衣服的粉色部分陰影中增添了鮮豔度。

❾ 各部分的色彩調整

頭髮和服裝的綠色部分顏色顯得有些暗沉,所以我們要在圖層10的這些部分塗上深藍色。

以色彩底色的圖層(圖層9)作為「參照」,選取覆蓋模式的圖層(圖層10),並在選取工具中選擇「自動」和「顏色填充」,用深藍色填滿頭髮和衣服的綠色部分。

❿ 進一步去除色調的暗沉

肌膚部分的陰影區域看起來仍然有些暗沉,因此我們新增一個圖層(圖層11),設定為覆蓋模式,然後在暗沉的地方加上顏色,讓它看起來更鮮豔。

筆刷選擇噴槍的軟筆刷,粗細設定在3～5%之間。輕柔地上色,不要過度用力,柔和地將顏色覆蓋上去。注意底色的色彩,交替運用偏紅(暖色系)和偏藍(冷色系)的顏色來上色。

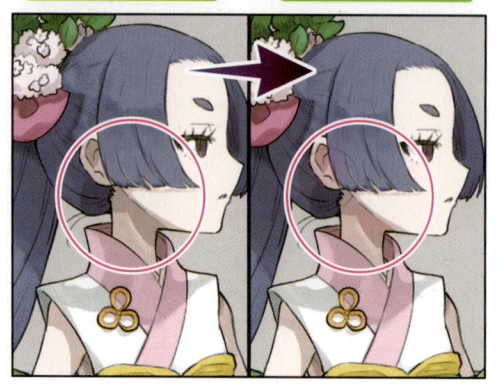

| Before | After | Before | After |

去除頸部和耳朵的暗沉，讓它們呈現出一點紅潤感。這樣能增加血色，使角色更加有魅力。巧妙運用筆壓，以柔和的筆觸上色，並隨時調整筆刷的大小。

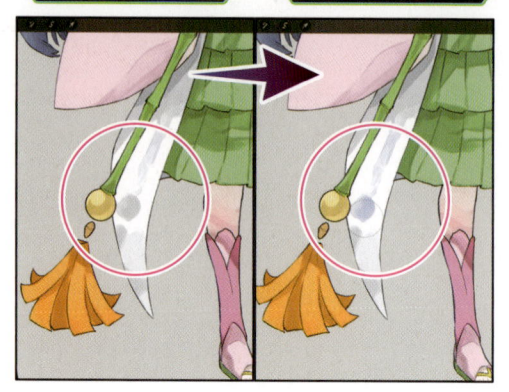

根據不同的部位切換筆刷顏色，提高飽和度。白色區域上的影子，可以使用冷色系的筆刷增加色調，這樣會讓效果更逼真。

⓫ 細節修正

在調整整體色調後，再新增一般圖層進行細部的修飾。對細節進行描繪，包含添加亮光、漸層等效果，做最後的修整。

透過描繪細節、添加小陰影、強調輪廓等方式，來提高畫作的精細度。

頭髮、有光澤的物品和眼睛等，都是常見的亮光位置。雖然灰階上色法主要用於控制陰影，但加入亮光能讓光影對比更加強烈。

新增一個圖層，調整混合模式為覆蓋，並利用噴槍工具在頭髮及裙子加上漸層色彩。

⑫加上背景

在這個範例中,背景也使用灰階上色法進行繪製。先用陰影畫出竹子,再用覆蓋模式上色。透過使用同樣的手法,可以讓畫面更具整體感。背景的竹子,一開始會使用柔和的筆刷(魔王厚塗筆刷pc柔化)繪製整體輪廓。

Before

畫完竹子的大致輪廓後,切換成橡皮擦工具,擦除邊緣模糊的部分,使其變得更加銳利。建議選用紋理較少的筆刷(魔王厚塗筆刷pc)作為橡皮擦,效果會更好。也要擦除與角色的邊界線,讓角色看起來更加突出。

After

這種上色方式的特點在於,能夠不影響畫好的陰影,輕鬆為圖片調整色彩。

→p.005

各種不同的上色技巧

Chapter 4
使用GtC畫法繪製

GtC畫法是我一直以來提倡的「Grayscale to Color」的縮寫,是一種結合了厚塗法和灰階上色法優點的上色方式,無論在國內外都非常受歡迎。這種上色法可以進行細緻的調整,色彩運用彈性極大,陰影與色彩皆具備一定程度的即興發揮空間,因此不必過於拘謹,大膽嘗試一下吧!

❶繪製草圖

在這個範例中,我們將使用半身像的草圖來進行GtC畫法。圖像中有幾個需要細緻描繪的重點,如三角帽、肩部的紋章和魔杖。

❷線稿的精細化

將繪製草稿的圖層(圖層2)的透明度降低,然後新增一個用於線稿的圖層(圖層3)。

使用「魔王厚塗筆刷pc」來畫出線稿。

在範例中我們保留了線稿,因此請仔細練習描繪線稿。

使用「對稱」繪圖參考線來節省時間

在繪製徽章等左右對稱的物品時，使用繪圖參考線能節省大量時間。從「操作」中開啟「繪圖參考線」，然後在下面的「編輯繪圖參考線」中選擇「對稱」，即可設置參考線。

如此一來，當你在繪製一側時，另一側會自動繪製相同的線條或塗色。我們可以用這個功能來繪製魔杖和徽章等圖案。
關閉「繪圖參考線」後，參考線就會消失，回到正常繪圖狀態。詳細說明見p.79。

③ 上底色

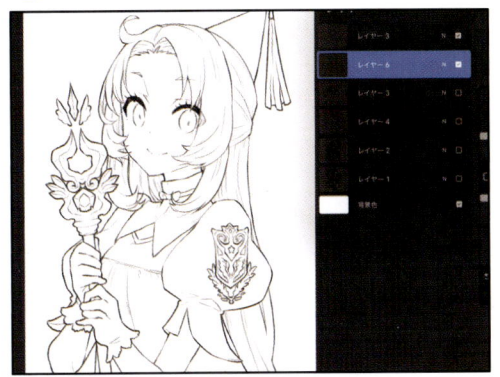

完成線稿後，請在線稿圖層（圖層3）下方新增一個用於底色的圖層（圖層6）。

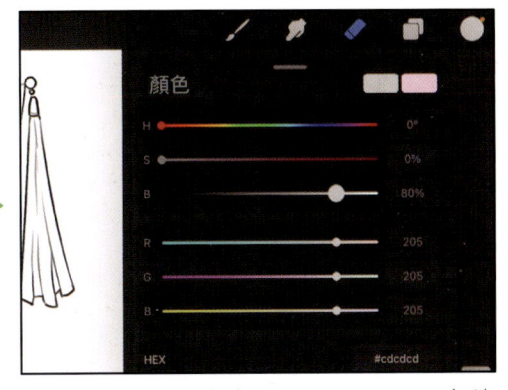

使用淡灰色（H：任意、S：0%、B：80%）填滿角色的上色範圍。

首先先大致填滿，然後再修整細節部分，這樣可以輕鬆地製作出填色範圍。

> GtC畫法非常容易上手，能夠輕鬆加入個人風格，非常推薦大家使用！

各種不同的上色技巧

❹ 更改背景色

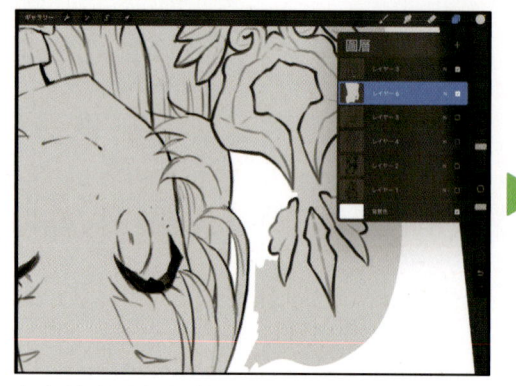

在上這種淡灰色等淺色時,如果背景是白色的,會很難分辨是否已經正確上色。

這種情況下,可以點選「背景顏色」圖層,將背景設置為亮水藍色等鮮豔的顏色,這樣會比較好上色。顏色足夠醒目時,也能減少細節處漏上色的問題。

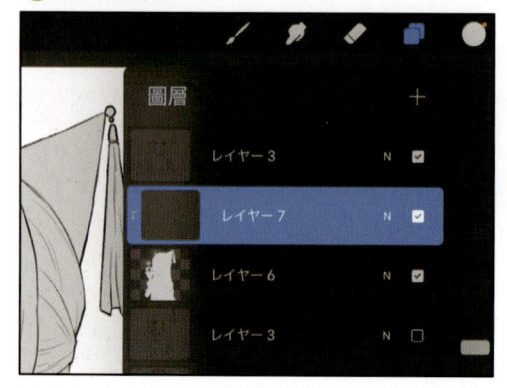

❺ 畫陰影

將塗好底色的圖層(圖層6)進行阿爾法鎖定,然後在其上方新增陰影和亮光用的圖層(圖層7)。在圖層7選擇「剪切遮罩」指向圖層6。

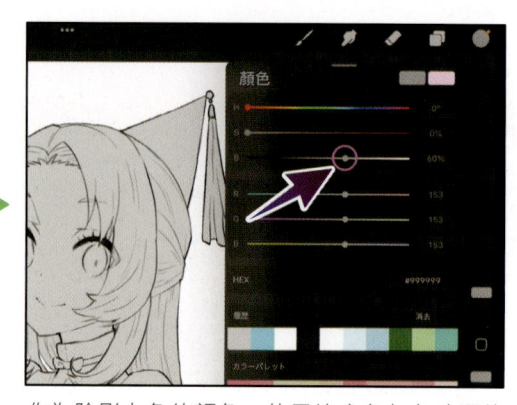

作為陰影上色的顏色,使用比底色灰色略深的灰色(H:任意 S:0% B:60%)來描繪陰影。這個階段先不用太在意有沒有超出邊界,粗略地上色即可。

相比於灰階上色法,這種畫法即使上色的較為粗略,之後也容易修正,因此可以大膽地為陰影上色。

如果能仔細處理好細小的出界部分,作品的完成度自然會更高。即使可以大膽上色,也還是要注意這些關鍵細節。

❻描繪明亮的部分

在GtC畫法中,也會繪製亮部。顏色這次要上色的是皮膚的亮光部分以及眼白的明亮區域。其他部分則會使用彩色亮光,因此不需要額外添加亮光。

眼白和皮膚因為光照而變亮的部分,也就是在完成後會保持白色的區域,我們會使用白色來添加亮光。這是與灰階上色法最大的不同。

❼填上基礎色

建立一個基礎色圖層(圖層8),並將混合模式更改為「色彩增值」。

在圖層8選擇「剪切遮罩」指向圖層6,並開始上基礎色(角色還沒上陰影前的顏色)。

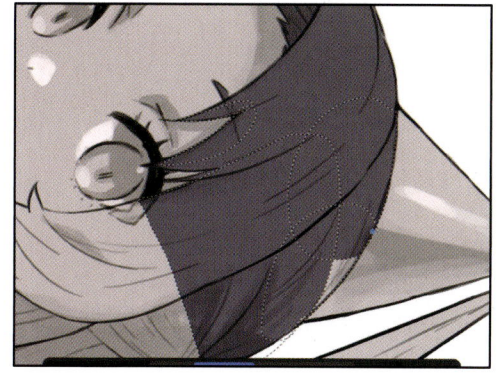

利用範圍選取後填色以及筆刷等工具來填上基礎色。

基礎色填好了。暫時先將混合模式調回「正常」,仔細檢查有沒有漏上色,填色出界也在這個階段修整乾淨,才能讓最終效果更好。檢查完畢後,將混合模式設回「色彩增值」。

❽使用覆蓋模式去除「顏色暗沉」

單純疊加基礎色會讓陰影看起來暗沉無光。為了去除這種暗沉感，我們新增一個圖層（圖層9），並將混合模式更改為「覆蓋模式」。

為了改善膚色的暗沉，我們會用明亮的橘色來上底色部分，讓人物看起來更鮮豔。

❾調整顏色

在想要提亮的部分，使用魔王厚塗筆刷pc塗上明亮的顏色，大膽地大量塗抹也沒問題。

雖然肌膚底色變亮了，但陰影部分卻變得過亮而顯得淺薄。此時，針對陰影部分，再疊加一些較深的粉紅色，調整陰影的色調。

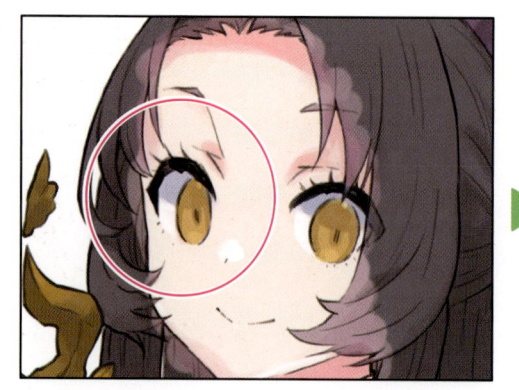

將較深的顏色疊加在瞳孔顏色及眼部陰影上進行調整。

在陰影上再疊加幾種顏色，使其呈現出更鮮豔的效果。將疊加的顏色與下層顏色融合，使其形成自然的漸層。能輕鬆讓顏色融合也是GtC畫法的特點之一。

其他部分也同樣透過疊加覆蓋模式來去除色調的暗沉。可以多次嘗試填色並調整，直到達到自己想要的色調。這種色調調整的靈活性是GtC畫法的最大優勢。

使用軟筆刷在頭髮上加入漸層效果。將頭頂部分調亮，耳朵以下的部分則調暗。並將臉的另一側提亮，這樣可以營造出光線從畫面一側照射過來的效果。

同時，也調整衣服的陰影，使其更具對比感。暗的地方要更暗，亮的地方則稍微提亮，讓其看起來更平整。像魔杖等小道具也要加強明暗對比，讓細節更加清晰。

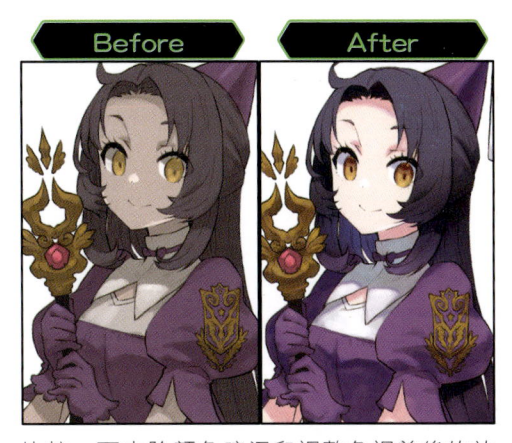

比較一下去除顏色暗沉和調整色調前後的效果。將亮處變得更亮，暗處變得更深，整體的明暗對比就會更明顯。這樣一來，就能創造出立體感十足、充滿魅力的角色。

❿ 為線稿加上彩色描線

大致去除色調的暗沉後，接著進行彩色描線，為線稿上色。
關於彩色描線的詳細說明，請參考p.45。

⓫ 加上亮光與細節繪製

在新增的圖層上為頭髮、服裝和小物件添加亮光。這部分的步驟與灰階上色法並沒有太大的差異。

各種不同的上色技巧

⑫ 最後的潤飾

在這一步，我們將繪製畫作的細節，進一步添加瞳孔和臉頰的細緻度。

為瞳孔添加亮光效果。放上鮮豔的顏色後，再添加白色亮光點綴，會讓眼睛看起來更加明亮耀眼。可以在瞳孔周圍添加表現亮光的「＋」形細節，營造出閃爍的感覺。

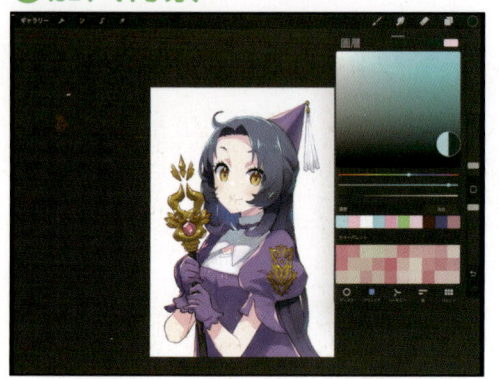

⑬ 加入背景

完成角色的細節後，新增一個背景用的圖層。

一邊調整臨界值，一邊用單一顏色填滿背景。

新增一個圖層，在背景上加上金色的刺繡風格圖案。在繪製這種設計性的圖案時，可以利用「繪圖參考線」的「對稱」功能，即使是手繪的草圖，也能營造整齊的設計效果。

再新增一個圖層，使用軟筆刷在角色背後加入明亮的漸層。光暈效果可以透過調整圖層的透明度來控制。完成後整體的透明度會稍微降低。

Before

After

GtC畫法能讓你盡情發揮色彩直覺、自由畫出想呈現的效果。

各種不同的上色技巧

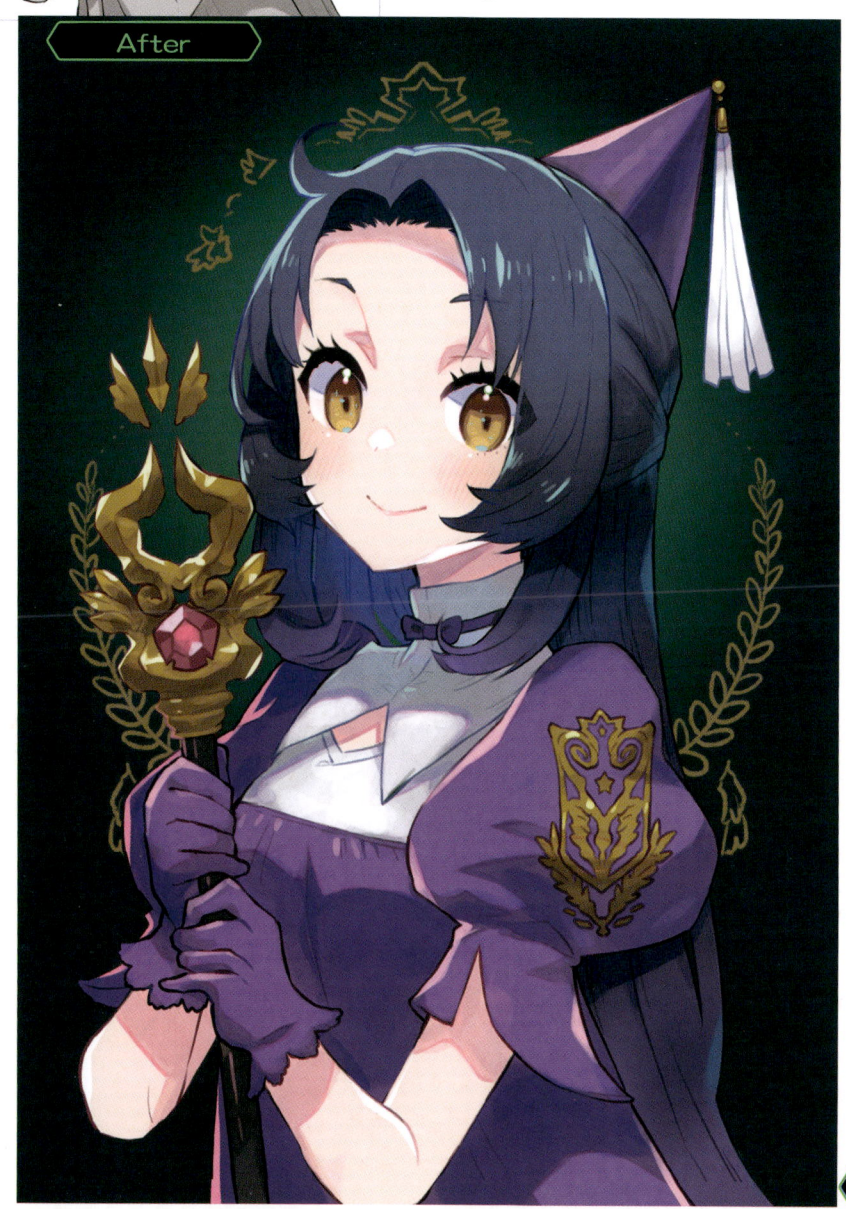

→p.006

097

Chapter 4
使用厚塗法繪製

厚塗法是一種透過筆刷的筆觸疊加多種顏色，來呈現色彩深度的上色方式。透過多層色彩的堆疊，作品會呈現出厚重、立體的質感。因此在繪製時，需要注意陰影的色彩，以及在哪些地方應該使用哪些顏色和陰影。

❶ 準備草稿圖層

首先根據草稿進行線稿的描繪。將草稿圖層（圖層2）的透明度降低至20%，接著，新增一個圖層（圖層3）來繪製線稿。

❷ 選擇線稿用的筆刷

從筆刷庫中選擇「魔王厚塗筆刷pc」來繪製線稿。在進行厚塗時，如果線條紋路過於明顯，後續上色或填色時，會使線條不容易融合，因此，建議選擇邊緣平滑、無明顯紋路的筆刷。

❸ 繪製參考線和草稿

建議將參考線換色，放到另一個圖層（圖層4）上，畫起來會更方便。也可以在此圖層上繪製服裝的詳細草圖。像魔杖等含有直線的物品，使用速創形狀來繪製，描線時會更輕鬆。

要隨時調整筆刷的大小。厚塗風格的線稿，即使線條有點粗糙也沒關係。
可以利用水平翻轉和液化功能來調整整體的平衡，同時細心地繪製服裝的細節。

❹ 建立底色圖層

在線稿圖層（圖層3）下方建立一個底色圖層（圖層5）。使用選取工具中的「徒手畫」模式並選擇「顏色填充」，框選上色範圍，用單一顏色填滿這個範圍。

將單色填充圖層（圖層5）設為阿爾法鎖定。

❺ 底色個別填色

使用選取工具中的「徒手畫」和「顏色填充」功能，分別為各個部位上色。

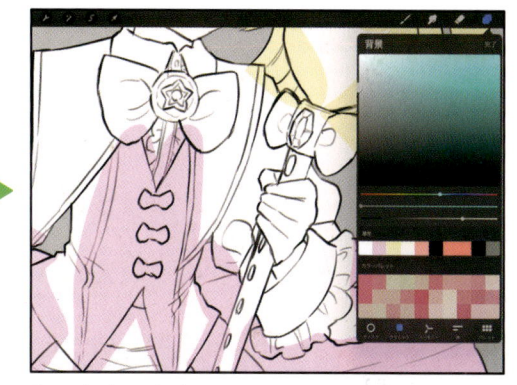

如果顏色看起來不清楚，可以點選圖層的「背景顏色」，將背景色改為灰色。如果作品的色彩較為豐富，使用無彩色的背景會讓顏色更突出；反之，如果想填上接近無彩色的顏色，背景色可以選擇鮮豔一些的顏色。

當所有部位都上完基礎色後，請仔細檢查每個細節後再進行下一步。

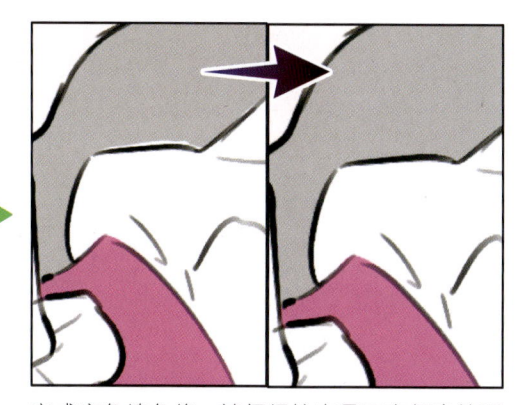

完成底色填色後，請仔細檢查是否有超出範圍或塗色錯誤的地方，並用橡皮擦修正。這個步驟非常重要，能讓最終的成品更精緻。

各種不同的上色技巧

❻ 大致加上陰影

新建一個用於添加大致陰影的圖層（圖層6），將混合模式設定為「色彩增值」，並對底色圖層（圖層5）啟用「剪切遮罩」，就可以開始繪製陰影。

在光源的反方向，如部件的下方、背面或重疊的地方，添加較深的顏色。在這個階段，從已經大致確定陰影顏色的地方開始，逐漸縮小筆刷的大小，粗略地塗上陰影。一邊注意整體的平衡，均勻地進行上色。

接著使用比粗略上色時更細的筆刷，沿著邊界線以較深的顏色進行描邊。

使用筆刷或橡皮擦修飾陰影的邊緣，使其變得更加銳利，提升整體畫面的精緻度。

❼ 為線稿加上彩色描線

大多數顏色在與黑色或灰色重疊時會變得黯淡。透過為線稿加上彩色描線（→見p.45），可以提前為線稿著色，避免在之後的上色過程中顏色變得黯淡。

建立圖層7，並對線稿圖層（圖層3）應用「剪切遮罩」，然後進行線稿上色。圖例中線稿已經上色了。

❽ 扁平化彩色圖層

將之前用來上色的所有圖層（圖層3、5、6、7）全部歸類到一個群組中。建立好新的群組後，左滑複製這個群組，點選縮圖開啟選單，然後選擇「扁平化」。複製前的群組可以作為備份保留，如果不需要也可以刪除。

❾ 厚塗法的上色

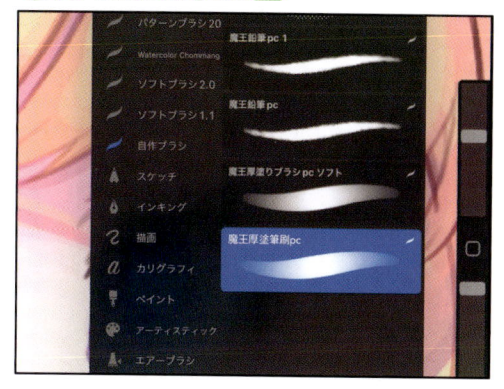

將扁平化的圖層合併後，我們會繼續在上面進行厚塗上色。在厚塗時，建議使用紋理較少的筆刷，這裡我們會使用「魔王厚塗筆刷pc」。

進行上色時，可以使用取色滴管工具挑選周圍的顏色，並用筆刷個別上色，這樣就能夠讓色彩過渡得更加自然。

修整前面大致塗上陰影時塗出的部分，並加強主要線條，使畫面更加精緻。

Before

After

將陰影超出的部分用髮色進行填補。隨時挑選適合的周圍顏色，並不斷調整筆刷的大小來進行細緻的上色。

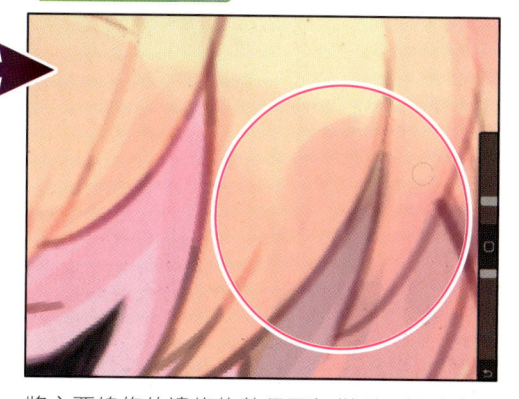

將主要線條的邊緣修整得更加銳利，提升畫面的精細度。同時，將陰影的邊界線進行模糊處理，讓畫面過渡的更自然。

Before	After

以線稿為基礎，細緻調整主要線條，並精修之前粗略塗抹的陰影部分，塗的時候要慢慢來，不要漏掉任何地方喔！

將斷掉的線條連接起來，使線條完整。同時柔化陰影的邊界線，提升畫面的精緻度。
本範例是保留主要線條的塗色方式，但也可以將線條與塗色融合，呈現出沒有線稿的畫風。

⑩新增亮光圖層

當塗色完成後，適當新增圖層以添加亮光和細節來進行最後修飾。這時候，可以應用「剪切遮罩」這個功能，避免塗出界線。

在亮光部分添加白色點點時，先放上鮮豔的顏色，再加入白色亮光，整體看起來會更閃亮。

⑪最後放上背景

完成角色的繪製後，點擊「背景顏色」圖層，選擇水藍色，再新增一個背景繪製用的圖層，畫一些輪廓模糊的圓點圖案。

使用速創形狀新增長方形，填上顏色，並以有設計感的方式進行排列，呈現出活潑的風格。

Before

After

不擅長深色風格和畫線條的人，厚塗法是一個很好的選擇。

→p.007

各種不同的上色技巧

Chapter 4
來畫漫畫吧

單獨的插畫很好,但以漫畫形式呈現的插畫也很有趣。Procreate提供了豐富的漫畫製作功能,包括分鏡、對話框、音效、各種特效等,能輕鬆地將作品打造成「漫畫風格」。從繪製分鏡到作品完成,以下介紹漫畫繪製的基本技巧。

❶ 打開漫畫用的檔案

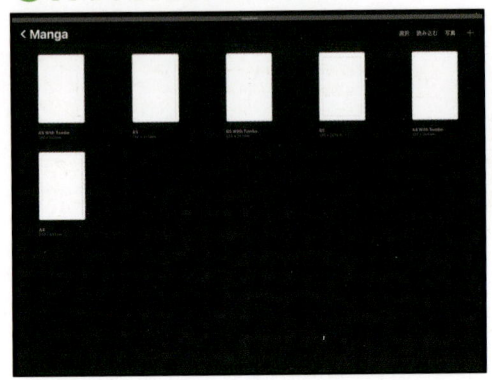

打開書籍附贈的漫畫原稿紙資料檔(見p.02)。我們提供了兩種類型的原稿紙:一種帶有印刷用參考線(標記),另一種則適合用於網路公開的文件,並有三種尺寸可供選擇。選擇你需要的尺寸和類型,點擊打開。

原稿紙上已經繪製了漫畫創作時所需的參考線,只需沿著這些參考線進行繪製,就能創作出符合尺寸要求的漫畫。
在本範例中,我們將複製並開啟一個B5尺寸、無印刷用參考線、用於網路公開的檔案。

❷ 繪製分鏡稿

新增一個圖層(圖層2),進行漫畫的分鏡、對話和構圖的草稿繪製(稱為分鏡稿)。如果有需要,可以再增加一個更詳細的草稿圖層。完成分鏡稿後,請將圖層的透明度降低。

❸ 準備畫出分鏡框線

接著建立新的分鏡框線圖層(圖層3)。進入「操作」>「繪圖參考線」並勾選後在「編輯繪圖參考線」中選擇2D網格(見p.76),並將網格大小設置為3mm。開啟右下角的「輔助繪圖」功能,這樣就可以沿著參考線繪圖。

❹ 繪製分鏡框線

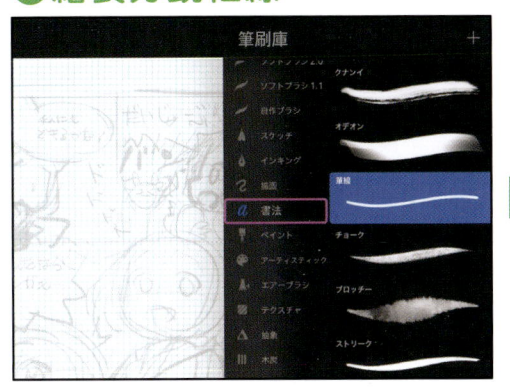

從筆刷的「書法」中選擇適合分鏡框的「單線」來繪製框線。單線筆刷的線條寬度均勻，非常適合用來畫框線。

按照分鏡稿的分鏡來畫出分鏡框。上下分鏡之間的間隔建議留兩個格子的寬度（6mm），左右之間的間隔留一個格子的寬度（3mm），這是讓畫面更具「漫畫風格」的關鍵。

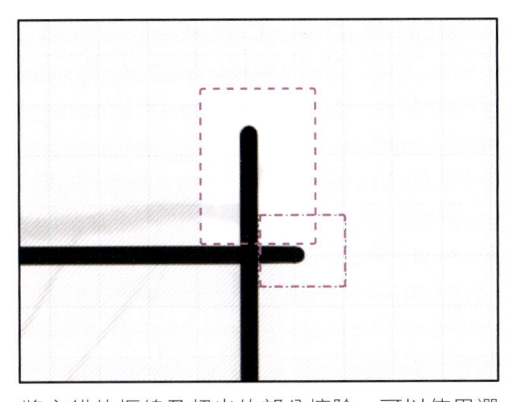

將交錯的框線及超出的部分擦除。可以使用選取工具的「長方形」模式，選取超出分格線的部分，然後用橡皮擦工具來擦除，這樣可以使邊緣更加銳利。

畫完框線後，請關閉「輔助繪圖」功能。此時也可以將參考線的圖層設為隱藏。

❺ 製作對話框

將畫好框線的圖層（圖層3）設為參照圖層。接著，在這個圖層下方新增一個新的圖層（圖層4），並隨意用一種顏色填滿分鏡框外的區域，這樣可以防止線條或顏色超出分鏡框。

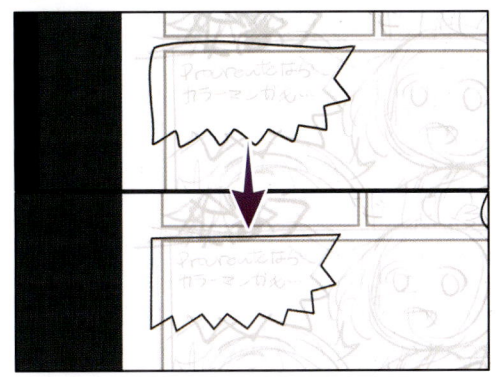

在圖層4下方新增圖層5，使用速創形狀功能來畫出對話框。你可以使用筆刷中的「書法」>「單線」來畫出均勻的線寬。當然，你也可以使用其他的筆刷。若線條有重疊的部分，可以用橡皮擦擦掉，讓對話框看起來更乾淨。

各種不同的上色技巧

❻描繪角色線條

將製作好的對話框內部填上白色，這樣在接下來的描線過程中，就不需要擔心會畫出框外。我們把畫對話框的圖層（圖層5）設為參照圖層，然後在下面新增一個填色用的圖層（圖層6），使用色彩快填功能工具進行填色。

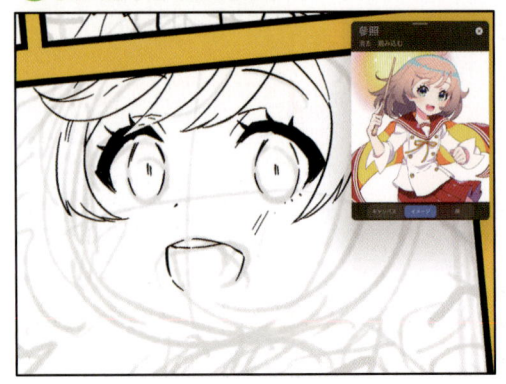

在圖層6下方新增一個圖層（圖層7），然後從筆刷的「著墨」中選擇「畫室畫筆」，開始描繪角色。建議你可以把角色設定圖或原始插圖放在旁邊參考，一邊進行繪製。

「魔王鉛筆PC」筆刷能畫出如同漫畫般清晰明確的線條，非常推薦使用。如果要進行網點處理，建議你在這個階段就先將需要填滿黑色的部分塗黑。

完成描線後，將分鏡稿圖層（圖層2）設為隱藏狀態。分鏡稿圖層之後會在添加對話框中的台詞時使用，所以不要刪除。

❼上色

接下來，開始製作角色上色的範圍。首先在圖層7下方新增一個圖層（圖層8），然後在每個角色的上色範圍內上色。完成底色後，再為每個角色上色。上色的方法請參考p.34。

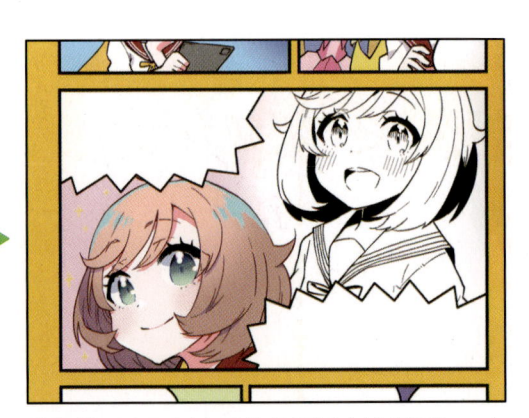

背景等元素可以在另外的圖層上進行添加。右邊的角色我們不上色，而是直接用網點處理。

❽ 進行網點處理

新增一個用於單色網點表現的塗色圖層。在需要網點處理的區域內，用灰色上色。此時，務必使用飽和度（參數模式的S）為0%的灰色。

將亮光也塗在同一個圖層上。由於網點處理後可能無法順利加上亮光，因此建議在這個階段上色。

選擇已用灰色上色的圖層後，進入「調整」選擇「半色調」。

將半色調的類型設定為「網版印刷」，然後按住畫面左右滑動來調整網點的大小。這次我們調整到10%。

❾ 添加效果

完成網點處理後，我們就用畫室畫筆等工具，在左下角格子的角色周圍加上一些漫畫風格的效果線。首先，新增一個效果線用的圖層（圖層23）。

❿ 繪製「動態線條」

在圖層23中，從操作選單中選擇「畫布」＞「繪圖參考線」，並勾選此選項。接著點選「編輯繪圖參考線」，選擇2D網格，並勾選「輔助繪圖」功能。

各種不同的上色技巧

⓫ 畫出「集中線」

接著，從操作中選擇「畫布」＞「編輯繪圖參考線」。選擇「透視」，再點擊希望左下角角色集中線匯聚的中心點，來建立消失點。

這樣一來，你就可以沿著輔助線畫出平行的線條了。接下來選擇「畫室畫筆」來繪製「動態線條」。

⓬ 為效果線上色

為了給效果線上色，我們將圖層23設為阿爾法鎖定。

由於所有的線條都會自動向這個消失點匯聚，所以我們用畫室畫筆來繪製「集中線」。所有的特效都加上去之後，我們回到「編輯繪圖參考線」，取消勾選「輔助繪圖」，並關閉和隱藏輔助線。

⓭ 重新顯示分鏡稿

為了添加繪製文字和台詞，再次顯示分鏡稿圖層（圖層2）。將圖層的透明度降低到不會干擾上面線稿的程度。繪製過程中，可以反覆顯示和隱藏分鏡稿圖層，隨時檢查是否有遺漏。

我們用軟筆刷，一邊切換顏色，一邊輕柔地塗上顏色。從亮色逐漸過渡到暗色，這樣就能營造出想要的氛圍。

⓮ 添加描繪文字

在最上面新增一個圖層（圖層24）。以透視的草稿為基礎，用畫室畫筆繪製文字（手寫文字）。沒有硬性規定一定要完全按照草稿來畫，可以將草稿作為參考，自由發揮。

接下來，準備為手寫文字加上白色邊框。複製手寫文字的圖層（圖層24），並對複製的圖層套用「調整」>「模糊（高斯模糊）」進行模糊處理。此次模糊程度設定為約5%。

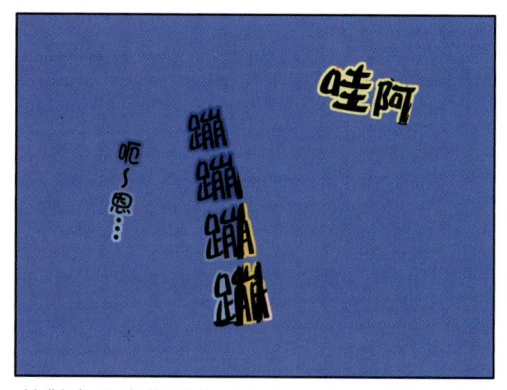

針對套用高斯模糊的圖層，使用選取工具的「自動」模式，選取模糊文字以外的部分（圖層中沒有上色的區域）。如果其他圖層被設定為「參照」，請先取消。透過調整選取區域的臨界值來改變選取範圍，讓選取範圍剛好能包圍文字，形成一個邊框。

將選取範圍「反轉」，這樣就選取到了文字的邊緣部分。接著，建立一個新的圖層（圖層26）作為邊框用，並用白色填滿選取範圍。

取消選取範圍，將手寫文字設為阿爾法鎖定，然後上色。這樣，手寫文字就完成了。

⓯ 加上對話

從「操作」選單中的「添加」選擇「添加文字」，接著輸入你想要放在對話框裡的文字。如果你事先已經準備好文字稿，直接複製貼上會比較快。

輸入文字後，點擊鍵盤右上角的「Aa」圖示，或是直接點選文字，就可以選取並調整字體、設計中的尺寸、字距等詳細設定。

文字輸入後，還是可以調整它的位置和大小。你可以根據對話框來調整文字到合適的大小。

文字區塊的設定會保留下來，所以下次輸入文字時，就可以直接使用相同的設定。

文字的顏色可以自由調整，可以把它改成你喜歡的顏色。甚至可以一個字一個字地換顏色。只要選取想要變色的字，然後從調色盤裡選色就可以了。

⓰ 最後修飾

最後，調整對話框的背景顏色，並對細節進行修飾。將對話框的圖層設置為阿爾法鎖定。

要為對話框上色，只要直接在這個狀態下填滿一個方形的顏色就可以了，非常簡單。

可以透過指定範圍進行填色，圖例為加上粉紅色的底色。

在對話框裡，用橡皮擦（軟筆刷）來製造漸層效果。

如果底色較深，將文字改為白色較容易閱讀。

在對話框中加入手寫文字，也能營造出有趣的氛圍。

漫畫的表現效果可以結合前面的各種技巧，實現多種變化唷。

→ p.008

各種不同的上色技巧

Chapter 4
使用照片作為背景

畫複雜的背景很耗時又費力，但如果直接把照片當作背景，再把插畫融入其中，就能在短時間內完成作品。重點在於掌握光影和遠近感。透過善用圖層，巧妙處理光線的表現方式，就能讓照片和插畫完美結合。

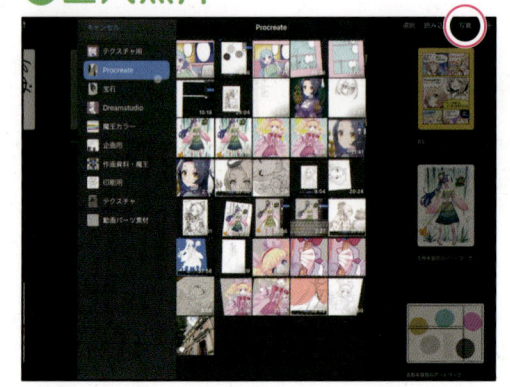

❶匯入照片

點進作品集後，畫面右上角點擊「照片」，從照片庫或相簿中匯入照片。
匯入後，系統會自動開啟一個新的檔案，並將你選的圖片新增為一個圖層。

❷製作草稿

這次我們要在照片中加入角色並使其融合，所以第一步是先畫出角色的草稿。
降低照片圖層（圖層1）的透明度，然後新增一個新的圖層（圖層2）來畫角色的草稿。

❸畫角色並上色

以草圖為基礎，按照第2章的方式進行角色的線稿繪製和上色。請注意要根據照片的角度來繪製。至於顏色跟照片的差異，我們之後再調整，所以在這個步驟可以自由上色。

當角色上色完成後，就把背景的透明度調回原本的狀態。

❹ 照片局部剪裁

從 iPadOS 16 開始,「照片」App 內建了裁切功能,使用它能大幅縮短作業時間。請先移動到 iPadOS 的「照片」App,找到剛剛匯入的照片。接著長按前景的建築物,系統就會自動幫你剪裁出來,這時請選擇「拷貝」。

回到 Procreate,點選「操作」>「添加」>「貼上」。系統會跳出一個詢問是否允許貼上的視窗,請點選「允許貼上」。

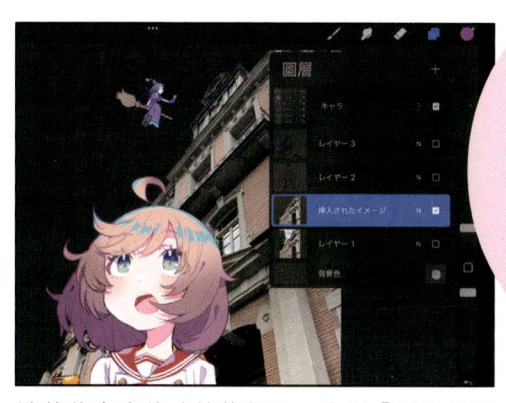

被剪裁出來的建築物部分,會以「插入的圖像」這個圖層名稱新增到你的畫面上。如果你事先將背景分成不同部分來匯入,後續的編輯和調整會更方便。

> 不只 Procreate,善用 iOS 原生 App 的功能和其他應用程式,也會更方便喔!

❺ 調整照片的色調

匯入的照片跟色彩鮮明的角色比起來,顏色相對黯淡。因此需要調整色彩,使變得更鮮豔。選擇「調整」>「色相、飽和度、亮度」,然後調整飽和度,讓照片更加鮮豔。

調整到稍微過頭一點,會更有動畫的感覺喔!我們可以將背景和裁切出來的前景建築物這兩個圖層的飽和度都提高。

❻ 加上「假的陰影」

目前角色和背景看起來不太融合，原因是角色的陰影帶有刻意製造的不自然感，而背景的建築物等則受到光影影響，呈現出真實的樣貌。因此，我們要在背景上加「假的陰影」，降低現實感，讓整個畫面看起來更像動畫。

新增一個圖層（圖層16），將混合模式設定為「色彩增值」，並對裁剪出的建築物（插入的影像）套用「剪切遮罩」。

在圖層16上粗略地加上一大片紫色的陰影。透過新增「假的陰影」，我們成功降低了背景的真實感，讓背景看起來像是虛構的。

在後面的建築物上也新增一個圖層（圖層17），將混合模式改為「色彩增值」，然後加上紫色的陰影。
透過這種方式增加現實中不存在的陰影，可以減少角色與背景之間的違和感。

❼ 增加空氣透視法

在插畫中應用空氣透視法（距離越遠的物體因空氣層而變得青白），即使在近距離也能營造出更像動畫感覺。接著新增一個用於加工的圖層（圖層18）。

將圖層18的混合模式設定為「濾色」，用噴槍工具塗上一層淡淡的水藍色。在左下角樹木的上半部也塗相同的顏色。

❽ 突顯角色

為了讓前景的角色和背景更突出，我們要在角色後面新增一個圖層（圖層19），並將混合模式設定為濾色。

使用噴槍工具，在角色周圍塗上明亮的黃色，營造出角色周圍有光芒環繞的氛圍。突顯程度可以透過調整透明度來控制。在畫面上方的角色周圍也輕輕塗上一層光芒。

❾ 加上空氣感

為了讓整幅畫的氛圍更加統一，在最上方新增一個圖層（圖層20），並使用濾色模式，在上方約一半的區域，以漸層方式塗上藍色。在左側的樹木上也塗上一些藍色。

再新增一個圖層（圖層21），將混合模式設定為濾色。接著，使用噴槍工具，從畫面下方開始，塗上反射光和環境光效果的黃色。

❿ 以光粒子作為最終的修飾

最後，新增一個用於最終修飾的圖層（圖層22），並用手繪的方式添加光粒子。

注意避免在臉部中心等重要區域添加光粒子，因為這樣會顯得不自然。隨機地將光粒子散佈在整個畫面中，這樣就完成囉！

各種不同的上色技巧

Before

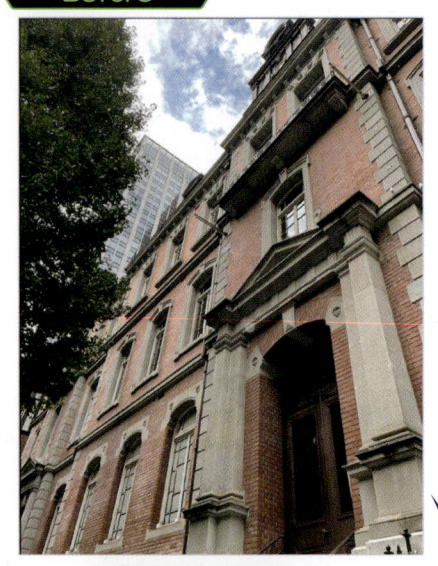

After

對背景照片進行加工處理後，就能與插畫自然融為一體喔！

→p.009

第5章
魔王Q&A

Chapter 5

最想知道 **Q & A**

以下是從作者的 Twitter（X）和 YouTube 社群中收到的眾多問題裡，精選出許多大家在使用 Procreate 繪圖時的便利小技巧。

Q 每次調整透視變形、角度或大小時，線條都會變得模糊不清，該怎麼辦？

A

主要有三種方法可以解決：

1 使用仿手繪風格的筆刷。
　建議可以使用類似「魔王鉛筆筆刷pc」這種仿手繪風格的筆刷。即使線條變模糊，也不容易引人注意。

2 以較高的解析度繪圖。
　如果是繪製手機尺寸的圖像，可以將畫布大小設定為原本的兩倍。用iPad的話，則可以將畫布大小設定為原本的1.5～2倍。這樣一來，即使放大圖像，也不容易產生違和感。（例如手機大小是920×428像素，那麼繪圖時可以設定為2000×1000像素。）

3 在「選取」下方工具列中更改插補方法。
　在插補選項中的「最近鄰」會使線條變得銳利，但可能會有鋸齒感；「雙線性」插補法則會讓線條看起來較為模糊。在大多數情況下，建議使用「雙三次」插補法，但這也取決於與筆刷的相容性。如果有疑慮，可以試試不同的方法，找到最適合的選項。

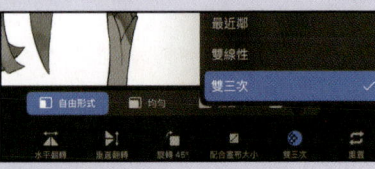

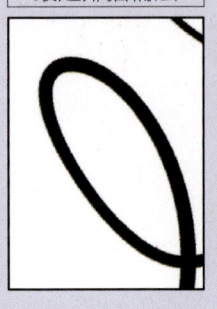

| 最近鄰插補法 | 雙線性插補法 | 雙三次插補法 |

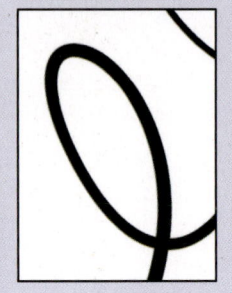

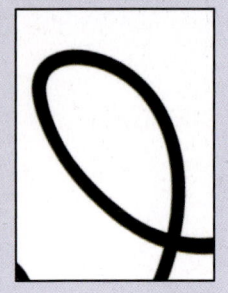

Q 請問如何製作描邊筆刷？

A

可以透過結合兩個筆刷來製作描邊筆刷。

❶先複製2個「畫室畫筆」。方法是在畫面上向左滑動並點選「複製」即可。

❷在其中一個筆刷的狀態下，向右滑動另一個筆刷，這時你會看到筆刷變成淡藍色，上面會出現「結合」字樣。點擊它，這兩個筆刷就會合成為一個筆刷。

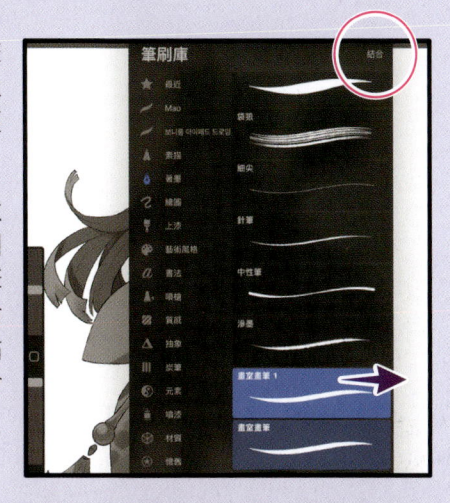

❸點選結合後的筆刷，進入筆刷工作室。你會看到左上方有兩個筆刷圖示。

❹點擊主要筆刷，就可以打開「結合模式」，其設置為「差異化」。

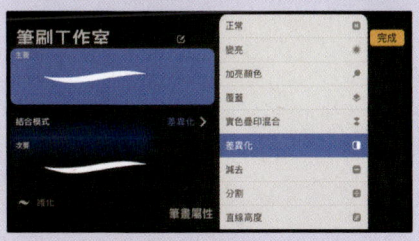

❺在「屬性」中將主要筆刷（上方筆刷）的最大尺寸設得大一點，將下方的筆刷尺寸設得小一些。透過調整這兩者的大小差異，可以調整描邊的粗細。

Q 用軟筆刷進行單一填色時，該怎麼避免邊緣沒有填滿的問題呢？

A

像「魔王鉛筆」這樣筆觸質感較強的筆刷，在使用色彩快填功能時，線條邊緣常會留下一些白色空隙。遇到這種情況時，可以將「臨界值」調整到不超出邊界的最大值。如果能夠精準掌握，顏色會填得非常漂亮。建議多試幾次，找到最適合的設定。

Q 請問如何刪除選取範圍內的部分？

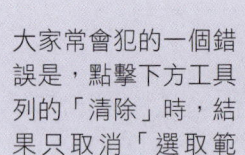

A

大家常會犯的一個錯誤是，點擊下方工具列的「清除」時，結果只取消「選取範圍」本身。
這樣做不會清除選取範圍內的圖像，而是僅清除了指定選取範圍（虛線），使選取狀態取消。

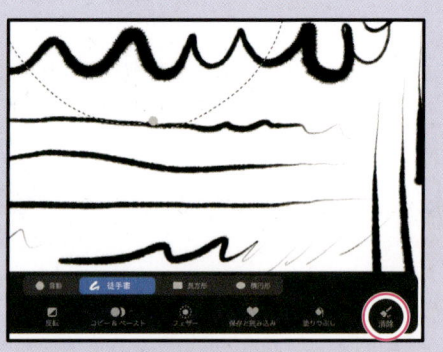

要刪除選取範圍內的一部分圖像，請選擇左上方的「操作」＞「添加」＞「剪下」。雖然「剪下」通常被認為是為了貼上功能，但如果不執行貼上，就只是單純的刪除。

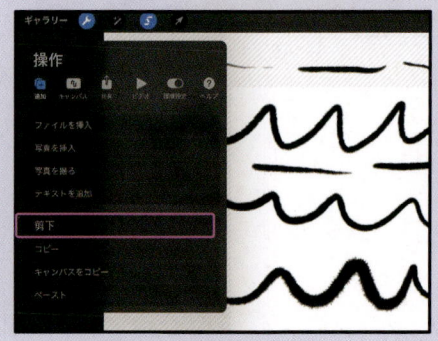

Q 請問「剪切遮罩」和「遮罩」有什麼不同？

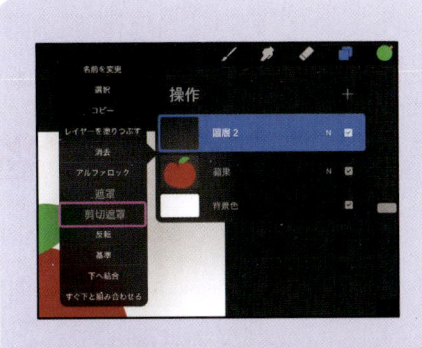

A

「剪切遮罩」的功能是讓我們只能在下方圖層有繪圖的部分進行上色。
舉例來說，我們在「蘋果」圖層上方新增一個新的圖層，並且套用「剪切遮罩」。

這樣一來，當你在這個新圖層上繪畫時，筆刷就會被限制在「蘋果」圖層中蘋果的範圍內，不會畫到蘋果以外的地方。

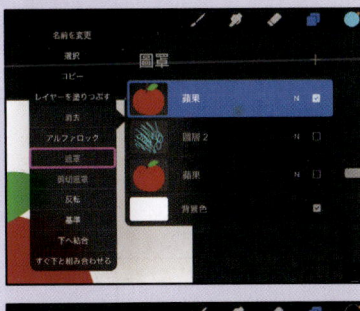

「遮罩」則是套用在「蘋果」圖層本身，會產生一個新的「圖層遮罩」圖層。當你使用橡皮擦擦除「圖層遮罩」中的部分時，蘋果圖層的插畫似乎被擦除。然而，但當你將「圖層遮罩」設為隱藏時，你會發現「蘋果」圖層的插畫其實並沒有消失。這是一種在不破壞原始圖層的情況下進行加工的功能。

魔王Q&A

121

Q 是否有使用繪圖參考線的範例可以參考？

A

繪圖參考線是一個非常方便的功能，例如，「透視」可以用來畫漫畫中的集中線（見 p.108）。

除此之外，使用「等距」，我們可以輕鬆地畫出三角形和六邊形，進而創造出各種圖案和花紋。

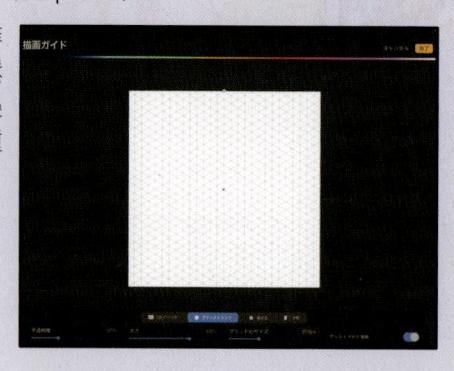

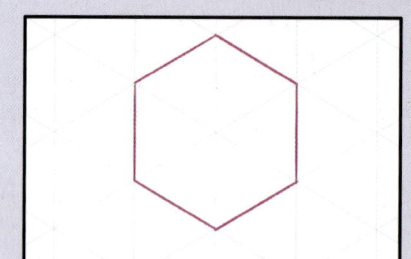

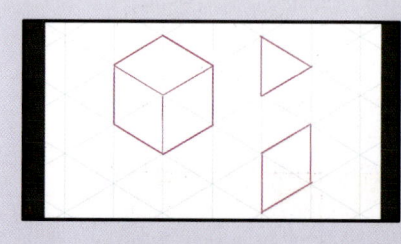

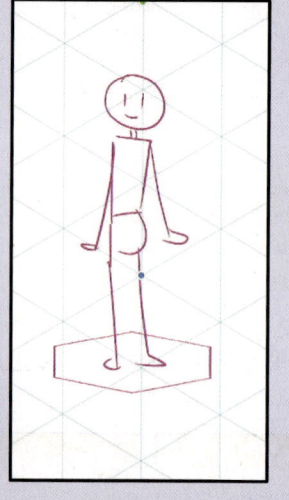

例如，畫好六邊形後，在內側畫一些線，就能形成盒子形狀。在繪製幾何圖案時，使用這個功能會很有趣。
如果我們畫好六邊形後，再把它垂直壓扁，放在角色的腳下，還可以模擬出壓克力立牌底座的效果。

Q 如何使用 Procreate 表現光線效果？

A

首先用白色畫出光的顆粒。接著，使用調整中的濾鏡「色差」，讓顏色產生偏移，並根據喜好調整模糊程度。如果將圖層的混合模式設定為「強烈光源」或「加亮顏色」，就能營造出像稜鏡一樣閃閃發光的效果。

如果想要更簡單地表現光線，可以用「加亮顏色」模式，然後選擇噴槍＞中等噴槍，直接塗上顏色，就能呈現出發光的感覺。

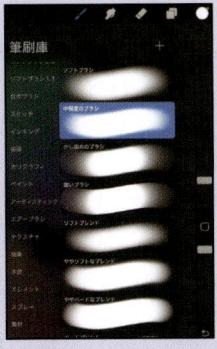

Q 請問有推薦的增添繪圖質感的方法嗎？

A

加入像紙張一樣的質感你覺得如何呢？
使用以灰色水彩塗刷過的紙張照片。用筆在紙上粗略上色塗滿，然後用手機拍照，並將照片貼到最上方的圖層。

將混合模式設定為「覆蓋」。透過調整圖層的透明度，來控制質感的強度。建議多準備幾種不同的照片以供使用。

Q 請推薦我使用Procreate的周邊設備！

A

・iPad 支架
我平常會使用貼在 iPad 上的支架。它能讓 iPad 保持微微傾斜，放在桌上繪圖時非常方便。如果在家裡想要調整更大的角度來繪畫時，我則會使用固定式的臂式支架。

・無線滑鼠
無線滑鼠我選用薄型靜音的款式。雖然它在 Procreate 中沒有特別的功能，但在操作 iPad 時，例如拖曳等動作，還是非常實用的。

・USB 集線器（Type-C 接頭）
這款集線器可以將 USB 隨身碟連接到 iPad 上。將大量繪製的作品儲存到外接記憶體中，既能節省 iPad 的內部儲存空間，也能在裝置故障時提供備份保障（不過舊款 iPad 可能不支援 Type-C 接頭）。

Q 該怎麼知道我畫的線長度是多少毫米？

A

你可以將繪圖參考線的網格設定為5mm這類容易計算的尺寸，這樣就可以根據顯示的格子為基準，來迅速判斷所畫線條的長度。
或者，也可以利用網格製作出整數尺寸的物件，當作尺規來使用，也是個不錯的方法。

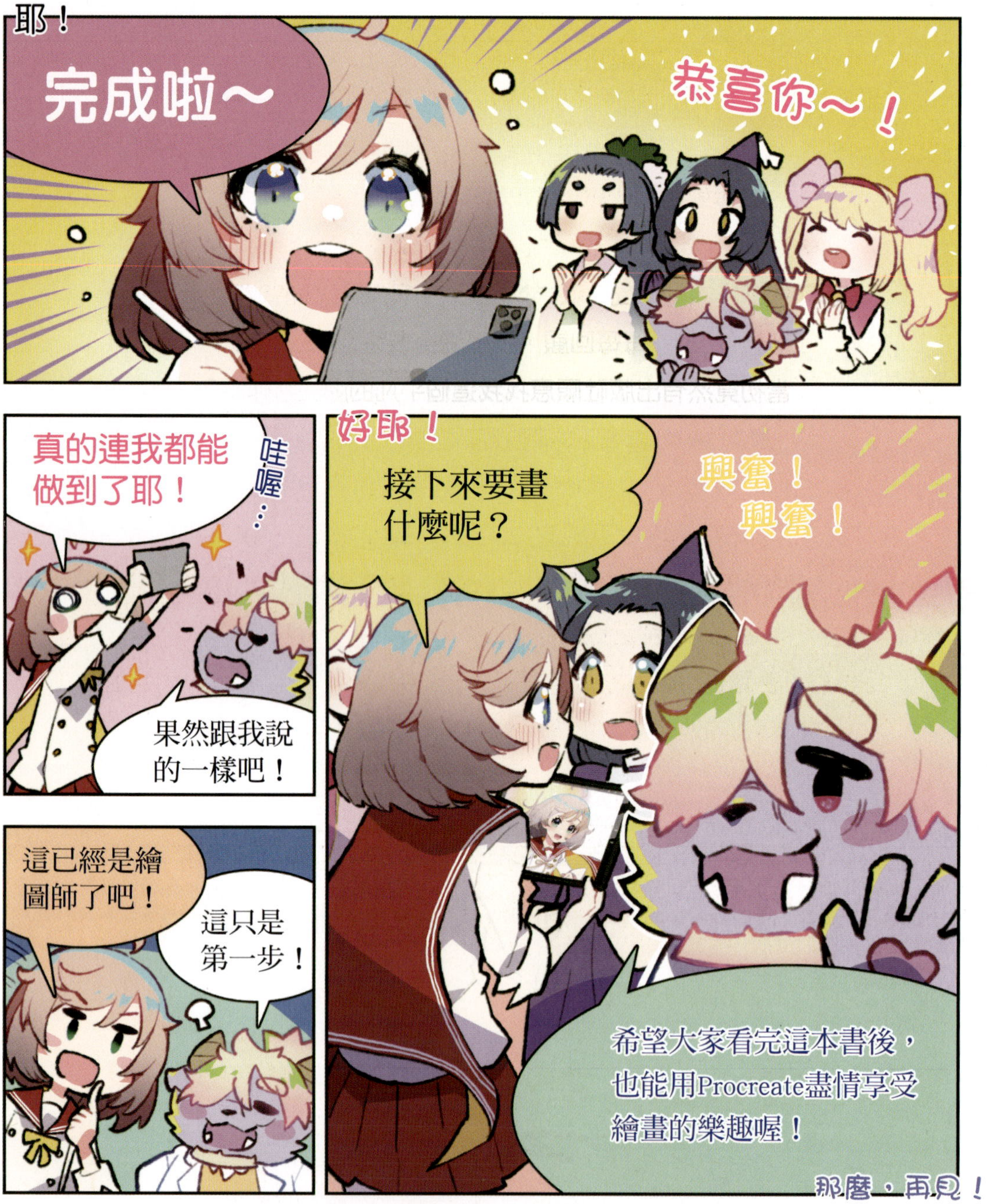

SPECIAL THANKS

正在閱讀這本書的Pompokolin！
（意旨本書作者魔王的觀眾）

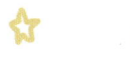

後 記

五年前，我開始在YouTube上發布繪畫教學影片。
我從未想過有一天竟然能以書籍的形式出版 Procreate 的書籍。
感謝許多人的幫助，我才能出版這本書，我真的非常幸福。
每每回顧，我都覺得很幸運，
當初竟然有出版社願意找我這個平凡的魔王合作啊⋯⋯
（再次感謝）。

這幾年來，我幾乎所有的繪畫工作都是用 iPad 完成的。
在眾多繪畫應用程式中，Procreate 充分發揮了 iPad 的性能，
讓我能夠隨時隨地進行創作，因此我非常喜愛它。
我希望正在閱讀這本書的你，也能透過本書感受到 Procreate 的樂趣，
並享受繪畫的時光。

寫於初夏，來自天涯海角

台灣廣廈 國際出版集團
Taiwan Mansion International Group

國家圖書館出版品預行編目(CIP)資料

我的第一堂iPad動漫電繪課：procreate職業繪師的簡化&省時全技巧！【獨家贈繪圖素材】/Deepblizzard著.
-- 初版. -- 新北市：紙印良品出版社, 2025.02
　　128面; 19×26　公分
ISBN 978-986-06367-9-6(平裝)

1.CST: 電腦繪圖 2.CST: 繪畫技法

312.86　　　　　　　　　　　　　　　　113019195

紙印良品

我的第一堂iPad動漫電繪課
Procreate職業繪師的簡化&省時全技巧！

作　　　者／Deepblizzard	總編輯／蔡沐晨
譯　　　者／彭琬婷	編輯／陳宜鈴
	封面設計／林珈仔・內頁排版／菩薩蠻數位文化有限公司
	製版・印刷・裝訂／皇甫・秉成

行企研發中心總監／陳冠蒨　　　線上學習中心總監／陳冠蒨
媒體公關組／陳柔彣　　　　　　企製開發組／江季珊、張哲剛
綜合業務組／何欣穎

發　行　人／江媛珍
法律顧問／第一國際法律事務所 余淑杏律師・北辰著作權事務所 蕭雄淋律師
出　　　版／紙印良品
發　　　行／台灣廣廈有聲圖書有限公司
　　　　　　地址：新北市235中和區中山路二段359巷7號2樓
　　　　　　電話：(886)2-2225-5777・傳真：(886)2-2225-8052

代理印務・全球總經銷／知遠文化事業有限公司
　　　　　　地址：新北市222深坑區北深路三段155巷25號5樓
　　　　　　電話：(886)2-2664-8800・傳真：(886)2-2664-8801
郵政劃撥／劃撥帳號：18836722
　　　　　　劃撥戶名：知遠文化事業有限公司(※單次購書金額未達1000元，請另付70元郵資。)

■出版日期：2025年02月
ISBN：978-986-06367-9-6　　　版權所有，未經同意不得重製、轉載、翻印。

MAO TO HAJIMERU! iPad CHARA ILLUST
Procreate O TSUKATTA KANTAN & JITAN TECHNIQUE
©Deepblizzard 2023
First published in Japan in 2023 by KADOKAWA CORPORATION, Tokyo.
Complex Chinese translation rights arranged with KADOKAWA CORPORATION, Tokyo through Keio Cultural Enterprise Co., Ltd.